아름다운 정원

정원시설물 만들기

B E A U T I F U L   G A R D E N

이상석 지음

아름다운 정원

정원시설물 만들기

일조각

들어가는 글

최근에는 우리나라에서도 도시와 농촌의 외부환경이 많이 개선되어 아름다운 정원이나 공원을 쉽게 찾아볼 수 있게 되었다. 이와 더불어 건강한 삶과 자연에 대한 사람들의 관심도 점차적으로 늘어나 정원 만들기에 대한 관심이 증대되고 있다. 그러나 여전히 시민들의 일상생활에서 정원은 친숙한 공간이 아니라는 느낌을 지울 수 없다. 왜냐하면 지금 우리가 머릿속에 떠올릴 수 있는 정원은 보는 대상으로서의 정원일 뿐이지, 직접 흙을 만지고 꽃과 나무를 심고 연못과 정자를 만드는, 이용자가 참여하는 정원은 아니기 때문이다. 이에 따라 저자는 "어떻게 하면 사람들이 정원을 좀더 친숙한 공간으로 느낄 수 있을까?"를 항상 고민해 왔는데, 이 책은 그런 고민에 대한 저자 나름의 결과물이다.

지금까지는 일반인이 정원을 만들고 싶더라도 조경 분야에서 사용하는 전문서적 이외에는 참고할 만한 책이 없었다. 그래서 저자는 그동안 조경공사 현장에서의 시공 및 대학에서 강의한 경험을 토대로 일반 사람들이 직접 정원을 만드는 데 지침이 될 만한 책을 만들고자 했다. 독자들이 쉽게 이해하고 직접 따라서 만들어볼 수 있도록 다양한 사례 사진과 그림을 삽입하였다.

이 책에서는 정원의 주요한 시설요소인 배수, 포장, 담, 옹벽, 울타리, 계단, 데크 등을 만드는 방법을 설명하였다. 정원시설물을 만드는 과정을 설명한 책이라 다소 딱딱하고 지루할 것이라고 생각할 수 있다. 그러나 책의 뒷부분에 실려 있는 많은 사례 사진을 통해 독자들은 정원과 정원시설물을 만드는 데 흥미를 느낄 수 있을 것이다. 그리고 이 사진들은 실제 정원 시설물을 만드는 데에도 좋은 아이디어 소스가 될 것으로 생각한다. 정원설계와 정원수 가꾸기를 다룬 『정원만들기』(일조각, 2006)와 내용상 서로 보완적이고 조화를 이루고 있어 독자들이 두 책을 함께 본다면 정원을 가꾸고 만드는 데 매우 좋을 것이다.

이 책은 우선 일반인들이 정원을 만들 수 있게 하는 데 초점을 두었지만, 정원설계와 시공을 하는 조경기술자들의 기술적 지침서로도 활용될 수 있도록 내용을 정선하였으므로 실무와 대학 교재로 적용하더라도 무리가 없을 것이다.

이 책의 내용은 저자가 실제 경험을 되살려 기술한 것이지만 그중 일부 내용은 저자의 얄팍한 지식과 스쳐가는 경험을 토대로 했음을 부인할 수 없다. 또한 국내에 훌륭한 사례가 있는데도 외국 사례에 의존한 부분이 일부 있다는 점도 밝히지 않을 수 없다. 이러한 문제는 저자에게는 짐인 동시에 미래의 과제이다.

이 책을 만드는 데 많은 노력을 기울였지만 그래도 부족한 점이 있을 것이다. 이 부분에 대해서는 제현들의 아낌없는 충고를 바라는 바이고, 앞으로도 지속적인 보완과 수정을 약속드린다. 이 책이 널리 이용되어 아름다운 정원을 가꾸고 정원문화를 고양하는 데 밑거름이 되기를 바란다.

감사의 글

이 책을 만들면서 많은 분들께 도움을 받았다. 우선 이 책을 만들 수 있도록 출판을 지원해주신 일조각 편집부 임직원 여러분에게 감사드린다.

이 책의 내용은 기본적으로 나의 경험과 생각에 바탕을 둔 것이지만, 많은 분들의 도움과 조언에 크게 힘입었음을 밝히고 싶다. 장인정신으로 조경 현장에서 고생하고 있는 많은 기술자들, 이 책이 나오기까지 잔심부름과 도움을 아끼지 않았던 함께 연구하는 대학원생, 이 밖에도 일일이 소개하지는 못하지만 현장과 강의실에서 만났던 많은 지인들에게 감사드린다. 더불어 원고를 읽고 조언을 해준 아내와 성원을 아끼지 않은 딸 송이에게 감사한 마음을 전한다.

2007년 10월

이상석

CONTENTS 차 례

CHAPTER 1

작업 준비

CHAPTER 2

정원시설물

CHAPTER 1

작업 준비

정원시설 설치기준

부지준비 및 정지

배수

정원시설 설치기준

정원에 만들어지는 보행로, 계단, 주차장, 간단한 운동시설, 수영장 등은 무엇보다 제 기능을 적절히 수행할 수 있게 만들어져야 한다. 만약 정원시설이 설치기준을 충족하지 못한다면, 사람들이 정원을 이용하는 데 불편함을 느끼거나 안전에 문제가 생길 수 있다. 그러므로 정원에 시설물을 설치할 때는 각 시설물에 맞는 설치기준을 사전에 파악하고, 그에 따라 작업해야 한다.

정원설계도면의 이해

정원을 새로 만들기 위해서는 우선 정원설계를 해야 한다. 실제 현장에서 정원공사를 하기 위해서는 공사계획 평면도, 배식 평면도, 시설물 배치도, 계단 · 연못 · 담 · 포장 등 각종 시설물의 상세도 등을 포함하는 정원설계도가 필요하다. 정원설계도는 조경가의 도움을 얻어서 설계과정을 거쳐 만들어낼 수 있으나, 간단한 시설물 도면은 제품생산업체를 통하여 쉽게 구할 수도 있다. 정원설계도를 작성하거나 보기 위한 첫걸음은 축척에 대하여 이해하는 것이다. 설계도면은 실제 현장을 일정한 축척으로 축소한 것이므로, 정원설계도의 축척이 1/100이라면 실제 크기를 100분의 1로 표시한다는 뜻이다. 그러므로 1/100 축척인 설계도면에서 1cm는 실제 공사 현장에서의 1m를 나타낸다.

정원설계도 읽기

① 정원설계도면의 표제란에서 공사명, 도면명, 범례, 방위, 축척 등을 읽는다.

② 설계도에서 부지 경계 및 대문의 위치, 주택의 배치와 방위, 정원의 공간 구성에 관한 사항 등 설계 내용을 개략적으로 파악한다. 이 밖에도 주변 도로 및 이웃집의 위치를 파악한다.

③ 정원시설의 세부 배치에 관해서는 방문자가 처음 집을 방문하여 정원의 구석구석을 돌아보는 느낌으로 도면을 읽어나가며 파악한다.

④ 건축물의 창과 출입문 위치를 찾아서 주택 내부와 외부 공간과의 연결관계를 파악한다.

⑤ 정원시설물로 배치된 시설물의 종류와 위치를 정확히 파악하고, 교목, 관목, 초화류 순으로 배식 내용을 읽는다.

정원 구성요소에 대한 파악

① 정원설계도에서 정원 구성요소로 사용된 자연요소와 인공요소를 파악한다.

정원에 설치되는 시설물의 종류

구분	시설물 종류
포장시설	콘크리트 포장, 점토벽돌 포장, 자연석 판석 포장, 타일 포장, 콩자갈 포장 등
담과 옹벽	콘크리트 담, 벽돌 담, 블록 담, 산석 쌓기, 자연석 쌓기 등
울타리	목재 울타리, 철망 울타리, 합성수지 울타리 등
계단	콘크리트 계단, 목재 계단, 점토벽돌 계단, 자연석 계단, 화계 등
휴게시설	퍼걸러, 의자, 데크, 셸터 등
수경 및 살수시설	연못, 폭포, 벽샘, 실개천, 분수, 살수기 등
점경물	야외조각물, 석탑, 석등, 아치, 트렐리스, 경관석 등
놀이 및 운동시설	그네, 미끄럼틀, 모래터, 철봉, 평행봉 등
조명시설	정원등, 잔디등, 수중 조명등 등
기타	주차장, 건조대, 장독대 등

정원시설물 표시 기호

표시 기호	시설명	표시 기호	시설명
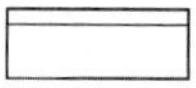	등의자		정원등
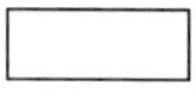	평의자		잔디등
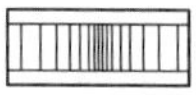	아치		수목 보호대
	환경 조형물		퍼걸러
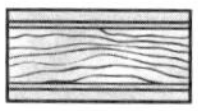	야외 식탁		바비큐장

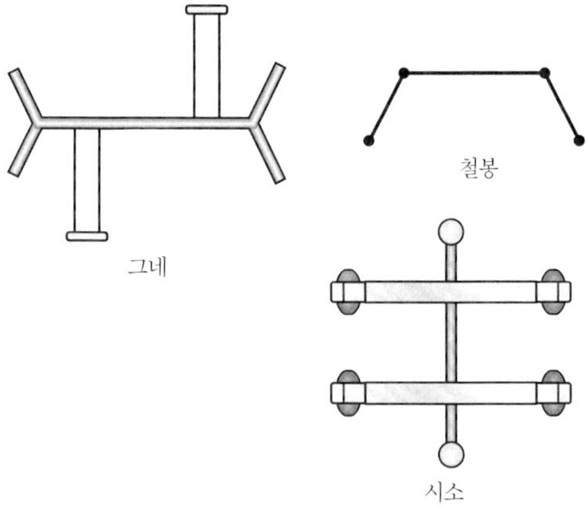

어린이 놀이시설

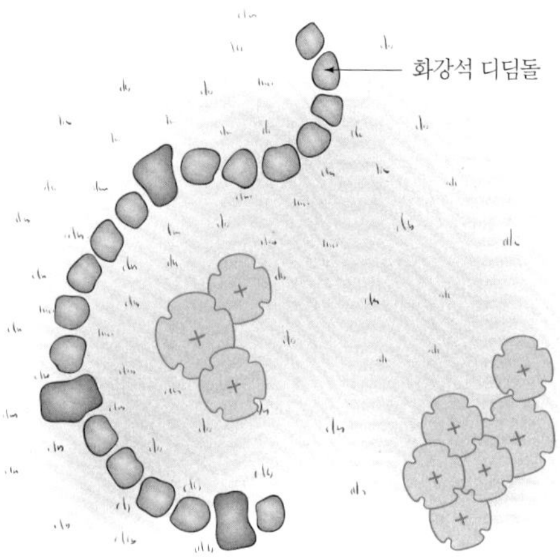

화강석 디딤돌

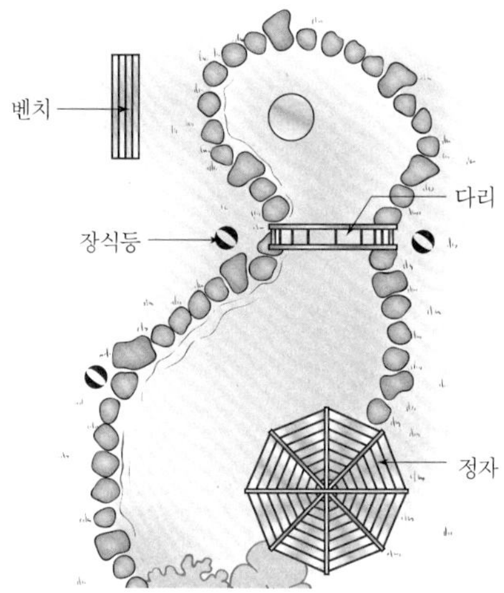

수경시설(연못)

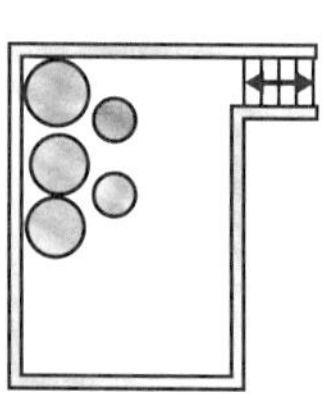
장독대

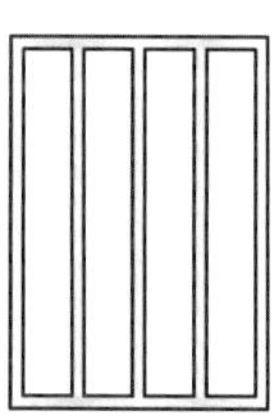
건조대

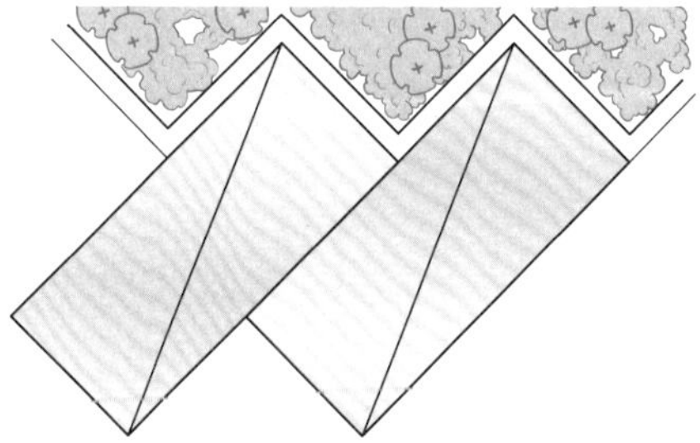
주차장

정원시설물의 표현

(자료 : 교육인적자원부, 『조경기술 Ⅰ』, 2004, 19~20쪽)

자연요소－정원에 식재되는 수목으로서 상록교목, 상록관목, 낙엽교목, 낙엽관목, 초화류 등이 있다.

인공요소－부지구조물과 조경시설물로 구분할 수 있다. 부지구조물은 부지의 공간 분할과 지형 안정 등 시각적·기능적인 목적을 위한 것으로, 연못·포장·계단·옹벽·데크 등이다. 조경시설물에는 정원의 경관을 아름답게 꾸미기 위한 점경물, 의자 등이 해당된다.

보행로

정원의 주 진입로는 최소 두 사람이 동시에 걸을 수 있게 1.5m 이상으로 하는 것이 좋다. 만약 진입로의 폭이 좁다면, 답답해 보이는 등 보기에도 좋지 않고, 보행하기에도 불편하다. 그러나 정원 내 산책로는 폭을 좁게 만들고, 자연석을 깔아서 자연스러운 분위기를 연출하는 것이 더욱 좋다.

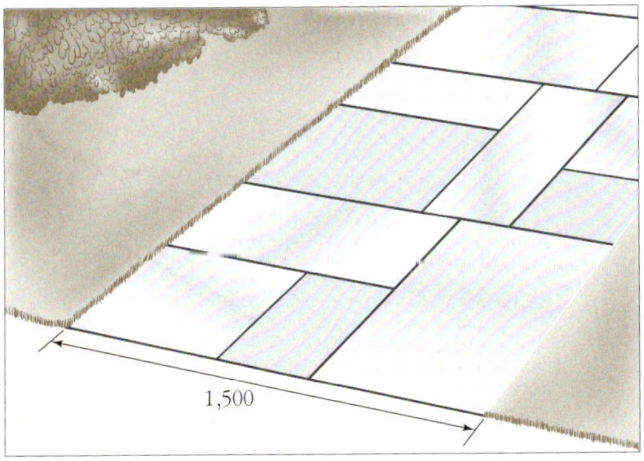

정원의 주 진입로

주차장

주차장을 설계할 때는 법정 주차 대수를 산출하고, 위치 및 주차 형식을 결정하며, 주차할 차 한 대의 폭과 길이의 기준치수를 결정해야 한다. 정해진 치수에 따라 주차장을 만드는데, 바닥을 포장하고 배수시설 등을 설치해야 한다.

① 주택을 건축할 때에는 건축 법규에 따라 건축 면적당 주차 대수 산출기준이 규정되어 있으므로 이를 준수해야 하며, 일반적으로 한 대에서 세 대 정도 규모의 주차장을 설치한다.

② 주차장은 진입 도로에서 진입이 편리하도록 대문에 인접하여 배치한다.

③ 주차 형식은 지상 주차장과 지하 차고 형태의 지하 주차장으로 구분할 수 있다.

④ 대지가 전면 도로보다 2～3m 이상 높을 때에는 대지의 단 차이를 이용하여 주차바닥면에서 2.1m 이상의 높이로 지하 차고를 설치하면 차고의 상부에 아름다운 정원을 꾸밀 수 있으며, 공간을 활용하는 데에도 효과적이다.

⑤ 지상에 주차장을 설치할 때 배치방식으로는 직각

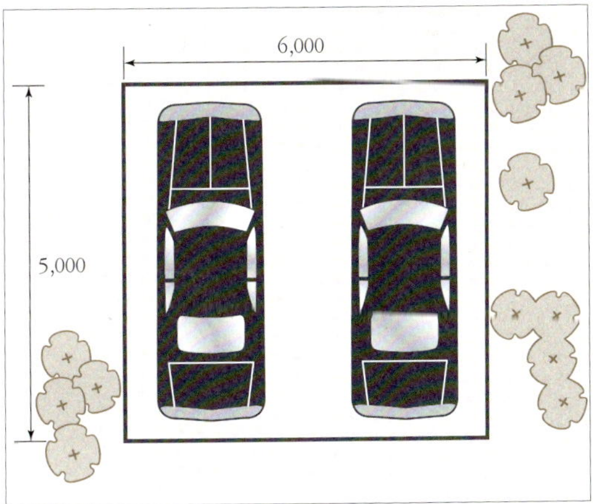

주차장의 폭

주차, 평행 주차, 45° 주차가 있는데, 일반적으로 정원에서는 토지 이용의 효율성을 고려하여 직각 주차를 하는 경우가 많으며, 이때 주차할 차 한 대의 기준 치수는 폭 2.3m 이상, 길이 5m 이상으로 규정하고 있다.

⑥ 주차장의 포장 재료로는 콘크리트를 가장 일반적으로 사용하고 있으며, 벽돌 · 포장블록 · 석재 등을 사용해 간단하게 만들 수도 있다. 정원의 녹화면적을 늘리기 위해서 최근에 개발된 잔디블록으로 포장하거나 자동차 타이어가 지나가는 선을 부분적으로 포장하고 나머지는 잔디로 식재하는 방법을 적용하기도 한다.

⑦ 주차장은 배수가 잘 되어야 하며, 배수의 경사도는 2~4%가 적당하다.

운동시설

정원은 크기가 제한되어 있으므로 설치할 수 있는 운동시설은 많지 않으나, 배구장 · 테니스장 · 배드민턴장 등을 편의상 비정규적인 규격으로 변형하여 복합적인 용도로 설치할 수 있다. 운동을 하지 않을 때에는 다른 행사를 위한 공간으로 활용할 수도 있다.

수영장

수영은 매력적인 여가활동이지만, 우리나라 기후 특성상 옥외 수영장은 주로 여름철에만 제한적으로 이용되며, 시공비가 많이 들기 때문에 설치하기에 부담스러운 시설이다. 그러나 이용자가 많은 정원에서는 이용 만족도가 높으므로 도입을 적극적으로 검토해 보는 것도 좋다.

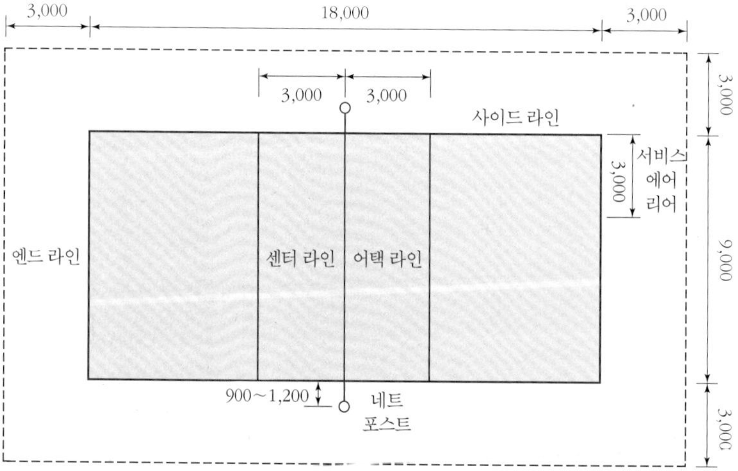

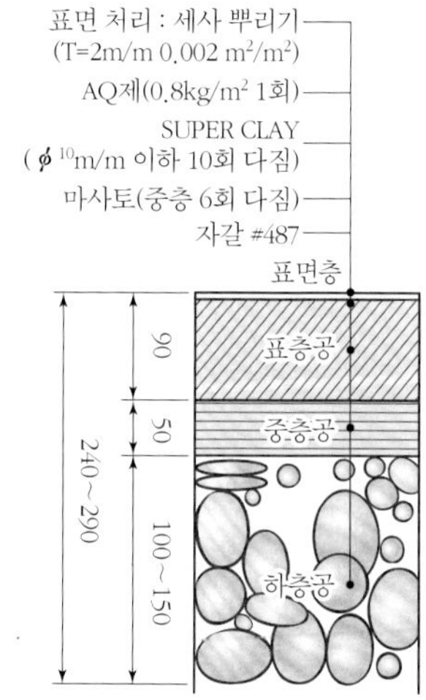

배구장

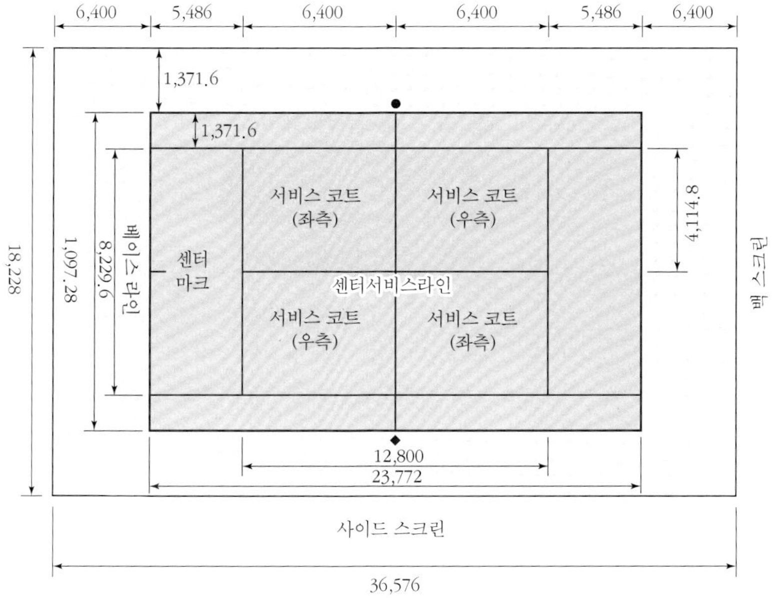
6,400
5,486
6,400
6,400
5,486
6,400
1,371.6
1,371.6
서비스 코트
(좌측)
서비스 코트
(우측)
4,114.8
18,228
1,097.28
8,229.6
베이스 라인
센터
마크
센터서비스라인
백 스크린
서비스 코트
(우측)
서비스 코트
(좌측)
12,800
23,772
사이드 스크린
36,576

테니스장

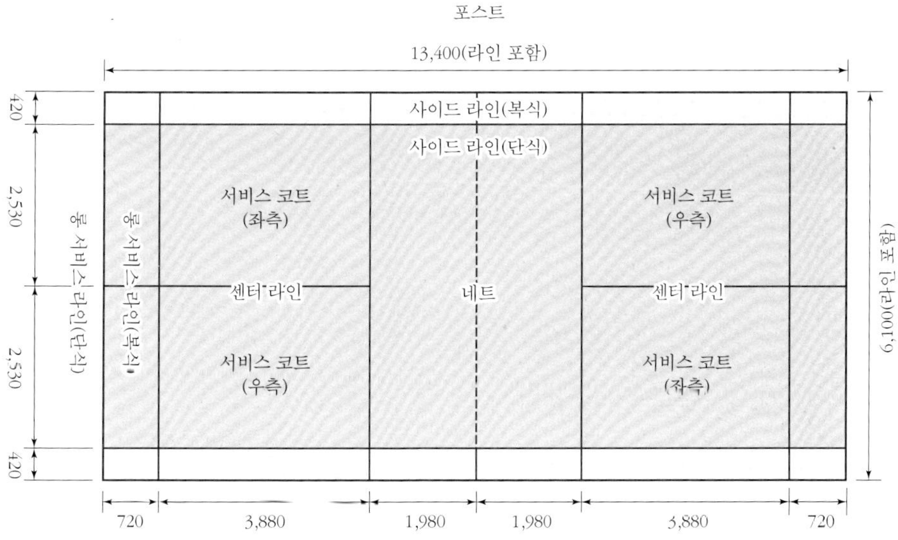
포스트
13,400(라인 포함)
420
사이드 라인(복식)
사이드 라인(단식)
2,530
서비스 코트
(좌측)
서비스 코트
(우측)
롱 서비스 라인(단식)
롱 서비스 라인(복식)
센터 라인
네트
센터 라인
6,100(라인 포함)
2,530
서비스 코트
(우측)
서비스 코트
(좌측)
420
720
3,880
1,980
1,980
3,880
720

배드민턴장

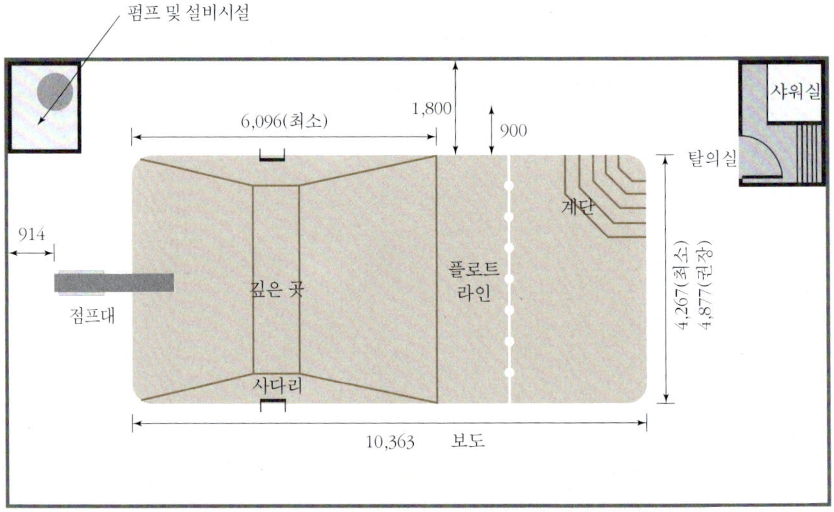

수영장

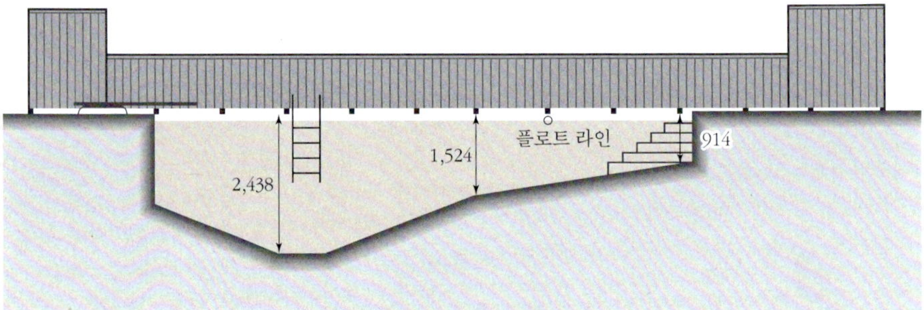

수영장 시공 단면

수영장은 다양한 형태로 만들 수 있는데, 여기서는 표준 수영장과 부대시설의 규격기준을 제시하였다.

도면 표기

정원설계를 하여 이를 토대로 정원을 만들기 위해서는 무엇보다 설계내용을 정확하게 이해하고 의미를 전달할 수 있어야 하므로 객관화된 도면 표기를 해야 한다. 정원시설물 도면은 평면도, 입면도, 단면도, 상세도로 구성되는데, 대부분 설계도의 축척은 1/30~1/50을 사용하고 상세도는 1/5~1/10을 사용한다.

도면 표기 약어

표기	내용	표기	내용
E.L.(ELEV.)	표고Elevation	R/r	반지름
G.L.	지반 높이Ground Level	EA	개
F.L.	계획고, 마감높이Finish Level	N75/#8	재료 공칭 치수(못, 철망 등)
W.L.	수면 높이Water Level	P.C	프리캐스트 콘크리트
W	너비, 폭	CON' C	콘크리트
H	높이	$\delta_{ck} = 180$	콘크리트 강도(레미콘)kgf/cm^2
L	길이	ST 또는 STL	철재
ϕ	지름(바깥지름, 둥근형)	Up	올라감
D10	지름(이형 철근 직경)	DN	내려감
T/THK	재료 두께	STA. 0+00	측점

재료 표기 기호

표기	내용	표기	내용	표기	내용
	지면(흙)		목재(다듬은 면)	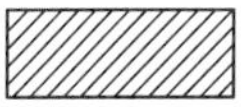	벽돌
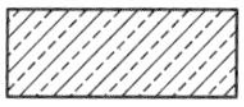	석재	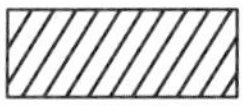	침목	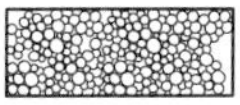	자갈
	금속(대규모)	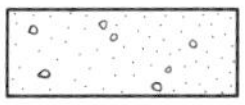	콘크리트(무근)	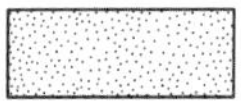	모래
	금속(소규모, 형강, 철구조물)	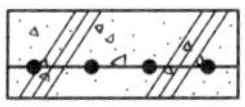	콘크리트(철근)		잡석 다짐(깬돌)
	목재(거친 면)	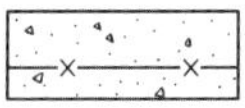	콘크리트(와이어메시)	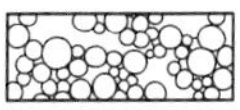	잡석 다짐(자갈)

측량도의 표기 부호

표기	내용	표기	내용	표기	내용
	등고선	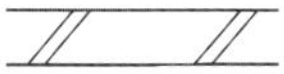	옹벽		맨홀
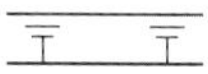	경사면	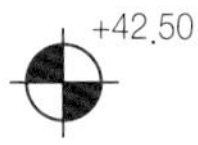	지반고SPOT ELEV.		횡단 배수구
	가로등		빗물받이		U형 측구
	석축	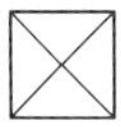	집수구		배수관로

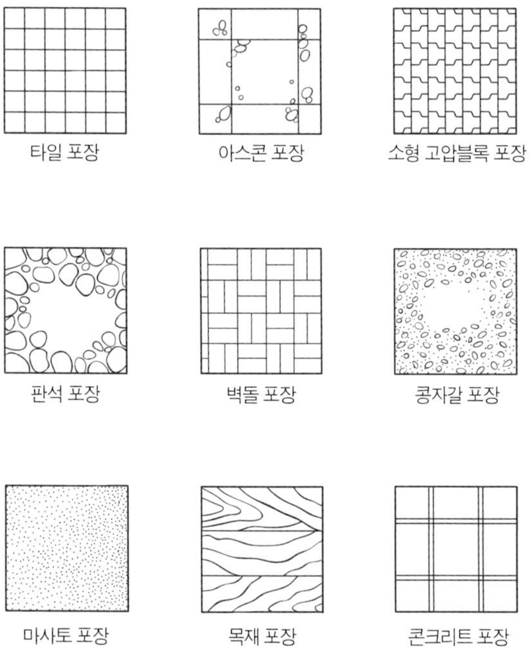

포장 재료 표기 기호

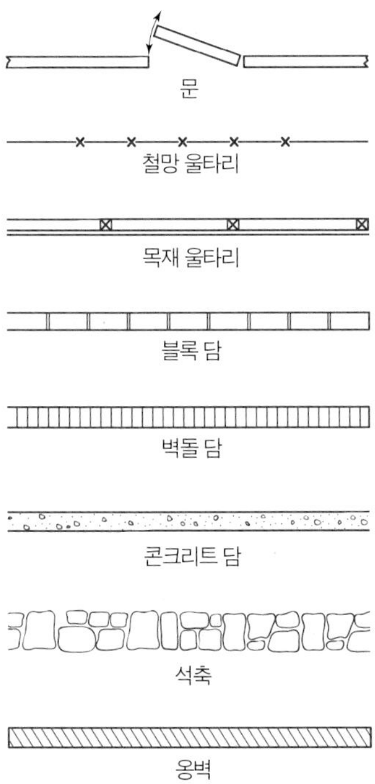

담 및 옹벽 표기 기호

부지준비 및 정지

정원을 만들기 위해서는 우선 부지를 준비하고 정지해야 한다. 이 작업은 정원에 있는 불필요한 장애물을 정리하여 표토 · 암석 · 수목 등을 활용하기 위한 사전조치이다. 때로는 수목을 식재하기 위한 지반을 만들거나, 평탄한 대지를 자연적이거나 기하학적인 형태로 만들어 시각적으로 흥미로운 경관을 연출하기 위해 시행하기도 한다.

현장정리를 위한 작업

대부분은 인력으로 작업해야 하므로, 사전에 준비운동을 충분히 하여 몸을 풀고 무리하게 작업하여 몸을 다치지 않도록 안전하고 바른 자세로 작업해야 한다. 또한 작업도중 부상을 방지하기 위하여 허리보호대, 장갑, 보호안경 등의 보호도구를 착용하는 것이 좋다.

도구

삽, 지렛대, 강관이나 둥근 통나무, 천, 굵은 밧줄

올바른 삽질

① 몸을 세운 후 발로 삽의 윗부분에 힘을 가하면서 삽을 땅속으로 밀어 넣는다.

② 원하는 깊이까지 삽이 들어갔을 때 삽의 손잡이를 아래로 향하면서 삽을 앞으로 밀어 넣는다.

③ 삽의 앞부분을 잡은 손으로 삽을 들어 떠낸 흙을 원하는 곳으로 던지거나 옮긴다.

두 손으로 들기

① 등을 바로 세우고 들고자 하는 것에 가까이 다가가 무릎을 구부려 자세를 낮춘다.

② 들 것을 잡고 다리에 힘을 주어 서서히 몸을 일으켜 세운다. 이때 등에 무리하게 힘을 주면 허리를 다칠 수 있다.

③ 들 것을 허리에 가깝게 하면 등에 가해지는 힘을 줄일 수 있다.

④ 방향을 바꿀 때에는 몸을 서서히 돌려야 하며, 허리를 갑자기 돌리지 않도록 한다.

올바른 삽질

두 손으로 들기

한 손으로 들기

① 무릎을 조금 구부리고 등을 세운 자세로 물건을 잡는다.

② 다리에 힘을 주어 무릎을 펴고 물건을 위로 들어 어깨를 나란하게 편다.

③ 다른 한 손으로 균형을 잡으며 이동한다.

한 손으로 들기

통나무 끌기

① 제거할 통나무 밑에 롤러 역할을 하는 강관이나 둥근 통나무를 받친다.

통나무 끌기

② 굵은 밧줄로 통나무의 앞을 묶고 서서히 앞으로 끈다. 이때 뒤에 빠져나온 롤러를 앞으로 끼워 넣어 통나무가 진행 방향으로 균형을 유지하면서 이동하게 한다.

③ 통나무를 계속해서 끌 수 있도록 롤러를 끼워줄 작업자가 있어야 한다.

나무 그루터기 처리

① 베어낸 수목이나 고사목의 그루터기가 클 때에는 파내지 말고 남겨 둔다.

② 그루터기가 큰 나무는 사람들이 앉는 높이로 절단하고 표면처리를 하여 자연스럽게 의자로 사용하거나 꽃을 심어 플랜터로 활용하면 좋다.

③ 지표면 높이로 잘라 내려면 톱이나 도끼를 이용하여 잘라내고, 표면은 자연스럽게 부패하도록 둔다.

④ 절단된 그루터기에서 곁가지가 나지 않도록 약품처리를 한다.

⑤ 나무를 자른 후 수년이 지나면 나무 그루터기가 완전히 부패하여 주변 흙이 내려앉으므로 그때는 다시 흙을 채워야 한다.

그루터기를 이용한 플랜터

큰 돌 움직이기

① 다른 돌을 지지대 삼아 지렛대로 돌을 움직인다.

나무 그루터기 처리

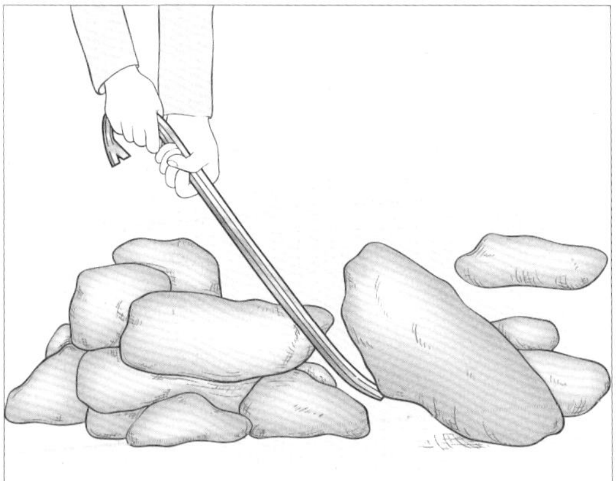

지렛대로 돌 들기

거적으로 돌 끌기

② 돌을 들거나 굴려서 두꺼운 거적 위에 올린다.

③ 진행 방향으로 천의 양쪽 끝을 잡은 다음 팔과 다리의 힘으로 끌어당겨 원하는 위치로 이동한다.

☞ 주의사항

① 삽질, 들기, 운반, 끌기 등의 현장정리 작업은 많은 노력과 시간이 소요되므로 사전에 면밀한 작업계획을 세워서 무리하거나 서두르지 않도록 한다.

② 현장정리 작업을 할 때에는 준비운동이 부족하거나 무리하게 작업하면 부상을 당할 수 있으므로 작업 전에 철저히 준비운동을 하고 작업 중간에는 적절히 휴식을 취한다.

정지작업

정지작업은 포장을 하거나 잔디면의 높이를 조정하기 위한 것으로, 흙을 깎아내는 경우가 대부분이지만, 때로는 아름다운 지형을 만들거나 차폐를 위해 흙을 쌓는 경우도 있다. 정지면의 높이는 여러 가지 추가 작업을 고려하여 결정하고, 정지작업 후 다짐을 하면 추가로 흙이 침하될 것을 고려하여 다소 높게 마감하는 것이 좋다.

도구

삽, 곡괭이, 쇠스랑, 잔디 절단기, 레벨이나 수평계, 나무말뚝, 줄

잔디 걷어내기

① 정원에 잔디가 깔려 있다면 뿌리 부위까지 포함해 잔디를 떼어내어야 하며, 그 전에 미리 잔디를 옮겨 심을 곳을 확보해 두는 것이 좋다.

② 만약 떼어낸 잔디를 다시 사용하고자 할 때에는 잔디를 일정한 규격으로 떼어내고, 떼어낸 잔디가 시들지 않도록 물을 주어 관리해야 한다.

③ 잔디를 층 지어 쌓았다면, 잔디 잎이 시들고 썩지 않도록 2~3일 이내에 사용해야 한다.

표면 평탄작업

① 흙이 너무 마르거나 질지 않은 적당한 상태에서 삽을 이용하여 높은 곳의 흙을 파서 낮은 곳으로 옮긴다.

② 흙이 뭉쳐 있을 때에는 삽날을 이용하여 잘게 부순 후 옮긴다.

표면 평탄작업

말뚝과 기준선 설치

① 부지의 각 모서리에 말뚝을 박고 정지하려는 높이

말뚝과 기준선 설치

를 표시한다.

② 말뚝의 표시점들을 줄을 묶어 연결한다. 줄을 묶기 전에 반드시 레벨이나 수평계로 수평을 확인하고 수평이 아닐 때는 줄의 높이를 높이거나 낮추어 수평을 유지한 후에 묶어야 한다.

③ 만약 배수를 위해 부지를 경사지게 하려면, 적정한 경사가 유지될 수 있는 높이를 확인하고 경사가 낮은 쪽 말뚝에 기준선을 묶는다.

④ 이러한 방법으로 정지할 부지의 경계를 말뚝과 기준선을 이용해 표시한다.

격자 기준선 설치

① 설치된 기준선을 따라 2m 간격으로 중간 말뚝을 설치한다.

② 중간 말뚝 사이에 팽팽하게 격자 기준선을 설치한다. 선의 높이는 정지마감 기준선 높이를 따른다.

정지작업

① 2×2m 크기의 격자 단위로 부지를 나누고 쇠스랑

격자 기준선 설치와 정지작업

을 이용하여 입자가 큰 것은 잘게 부수며 흙을 고른다. 만약 잔디를 심거나 포장하기에 부적합한 돌이 있다면 쇠스랑이나 삽을 이용하여 골라낸다.

② 원하는 높이까지 정지하였다면 말뚝과 기준선을 제거하여 작업을 끝낸다.

주의사항

① 정지작업을 하기 위해서는 정원의 각 지점 높이를 알아야 하므로 필요하다면 측량한다.

② 정지작업이 끝난 후 비가 오는 날, 정지작업면에 물이 고이는지 아닌지를 점검하여 보수한다.

③ 정지작업 중 나오는 돌이나 암석은 외부로 반출하지 않고, 정원의 구석에 모아 땅에 묻거나 맹암거를 만드는 데 사용하면 효과적이다.

표토 채취와 복원

표토는 오랜 시간에 걸쳐 만들어진 지표면의 토양으로 토층의 O층(유기물층)과 A층(용탈층)을 포함하며 일반적으로 어두운 흑갈색을 띠고 있다. 자연 상태에서 표토 1cm가 형성되는 데에는 50~200년 정도 걸리므로 소중한 토양이다. 표토는 다량의 유기물과 식물생육에 좋은 성분을 많이 함유하고 있으며, 토양미생물의 활동이 활발하므로 식물생육에 매우 적합한 토양이므로 반드시 채취하여 보관한 후, 복원해야 한다.

최근에는 표토에 묻혀 있는 매토종자에 대한 중요성도 부각되고 있다. 따라서 정원의 식생을 회복하는 데 표토를 사용하는 것은 생태적으로 건강하고 주변과 유사한 자연을 복원할 수 있는 효과적인 방법이다.

도구

삽, 곡괭이, 쇠스랑, 손수레, 거적, 비닐

표토 채취

① 강우로 인하여 표토가 습윤 상태이거나, 지하수위가 높은 평탄지에서는 가능한 한 채취하지 않는다.

② 정원을 시공 시 포장이나 시설물을 설치할 장소의 표토를 채취하며, 식재 예정지의 표토는 그대로 둔다.

③ 표층에 식생이 있는 곳은 미리 표층식생을 제거하고 관목이나 교목은 이식한 후, 토양 표면의 낙엽이 부패해 있고 양분이 있는 검은색의 토층을 대상으로 하여 삽으로 파서 모은다.

채취공법 결정

표토를 채취하기 위한 공법으로는 일반 채취법, 계단식 채취법, 표층 절취법이 있다. 일반채취법은 채취대상지의 토층이 두껍고 평탄하거나 완경사지에 적용한다. 경사진 곳에 적용하는 계단식 채취법은 토사 유출이 조금 있으며 표토 이외의 하층토의 혼입이 적지 않다. 중력을 이용하여 하향으로 작업하는 표층절취법은 가장 좋은 표토 채취방법이나 채취 후 장기간 방치할 경우 토사 유출의 우려가 있다.

표토 보관

① 모은 표토는 작업하는 데 지장을 주지 않고 배수가 양호하고 평탄하며, 바람의 영향을 받지 않는 곳에 모아 둔다.

② 임시 적치 기간 중에는 표토의 성질 변화, 바람에 날려 흩어짐, 빗물에 의한 적치표토 유출 또는 양분의 유실 등에 대비하여 식물로 피복하거나 비닐 등으로 덮어주어야 한다.

③ 임시 적치의 최적두께는 1.5m를 기준으로 최대

3.0m를 넘지 않게 한다.

표토 복원

① 정원에 포장이나 구조물이 대부분 설치된 다음에 표토가 필요한 지역으로 운반하여 포설한다.

② 하층토와 복원표토의 조화를 위해 최소한 20cm 이상의 지반을 경운한 후 그 위에 표토를 포설한다.

③ 표토의 깊이는 수목의 생육에 지장이 없도록 잔디 및 초화류 20~30cm, 관목 50cm, 소교목 70cm, 대교목 100cm 정도로 한다.

④ 만약 표토가 모자라다면 별도로 유기질 토양을 구하여 사용한다.

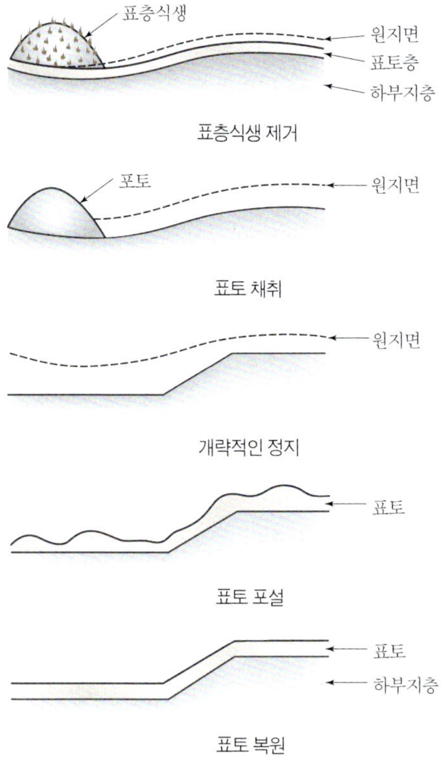

표토의 채취 · 보관 · 복원 과정

표토의 특성

① 표토는 환경에 유익한 식물 · 동물 · 균류 등 여러 가지 생물이 살고 있는 '생명체' 이다.

② 표토는 지역환경에 적합한 다량의 자생종 매토종자가 자라고 있는 생태계의 생물원이다.

③ 표토는 그 속에 살고 있는 미생물을 분해하는 작용을 함으로써 안정적인 식물 천이의 바탕이 되는 생태계의 윤활유이다.

④ 표토에는 미생물이나 토양동물에 의해 유기물이 분해되어 생성된 질소, 칼륨, 인 등의 미량요소가 다량으로 함유되어 있다.

⑤ 표토는 스스로 영양물질을 함유하고 있으며, 토양생물이나 미생물이 체내에 축적할 영양소를 공급받는 영양소 저장창고이다.

⑥ 표토에는 외부에서 침입하는 병해충의 번식을 막는 여러 가지 미생물이나 동물, 특히 광식성 포식자 등의 천적류가 존재하여 병해충을 자연적으로 방어한다.

⑦ 표토는 다양한 식물 및 동물, 유익한 균류 등 다양한 생명체가 서식하는 유진자의 보물창고이다.

배수

물은 식물의 생육과 인간생활에 필수불가결한 요소이지만 여름철 장마기에 집중적으로 내리는 폭우처럼 지나치게 많은 양의 물은 오히려 피해를 주기도 한다. 정원에서도 빗물이 과다하게 흐르면 잔디밭이나 토양 표면이 침식되는 해를 입게 되며, 토양에서 배수가 불량하면 과다하게 수분이 공급되어 수목이 죽거나, 시설물의 지반이 약해지는 등 많은 문제가 발생한다. 그러므로 훌륭한 정원을 만들기 위해서는 기본적으로 배수가 원활히 이루어져야 한다. 최근에는 연못을 만들어 물을 정화하거나 빗물을 재활용하여 중수를 사용하는 등 친환경적인 배수처리방법에 대한 많은 연구와 기술이 개발되고 있다.

건물 지붕에서 유출되는 물의 배수

원활한 배수를 위해서는 정원의 정지작업이 반드시 필요하다. 간혹 정지작업을 땅을 메우는 단순한 작업으로 생각할지 모르지만, 이는 배수의 기본이 되는 중요한 작업이다. 또한 우리가 평탄하다고 인식하는 대부분의 땅은 배수를 위해서 경사져 있다는 것을 명심해야 한다. 일반적으로 주택정원의 배수로는 건물에서부터 주변으로 내리막으로 경사를 이루고 있으며, 배수로를 따라 흐른 물은 개수로나 집수시설로 집수되어 외부로 배출된다.

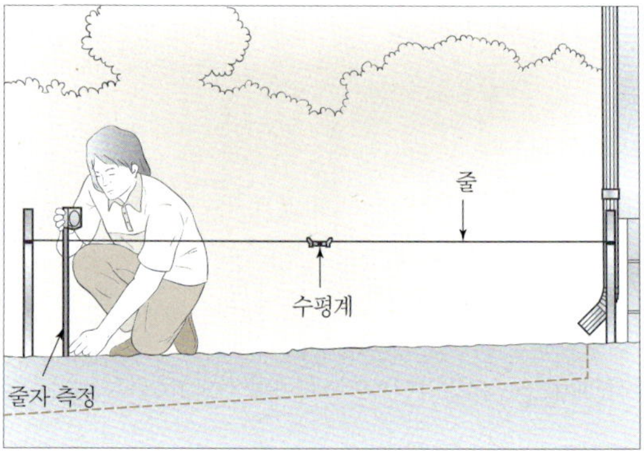

말뚝 설치 및 경사 확인

도구

수평계, 삽, 다짐기, 줄자, 말뚝, 줄

재료

플라스틱 배수관, 어댑터, 빗물 홈통, 자갈

경사 확인

① 지붕에서 빗물이 모여 내려오는 배수구 지점과 빗물을 배출하고자 하는 지점에 말뚝을 박고 기준선을 수평으로 설치한다.

② 설치한 기준선을 이용해 두 지점 사이의 높이 차를 구하고, 그것을 수평거리로 나누면 배수경사를 구할 수 있다.

터파기

① 배수로를 설치하려는 부위에 잔디가 있으면 잔디를 미리 떼어내고, 관목이나 교목이 있을 때는 옮겨 심는다.

② 터파기는 폭 20cm, 깊이 15cm 이상으로 하여 길이 방향으로 하되 지형을 고려하여 적합한 경사로 땅을 판다. 이때 경사는 0.2~10%, 유속은 1.0~2.0m/s의 범위가 좋다.

배수관 연결

① 터파기한 곳에 배수관을 설치한다.

② 지붕에서 내려오는 빗물 홈통을 어댑터를 이용하여 지표면에 설치할 배수관과 연결한다.

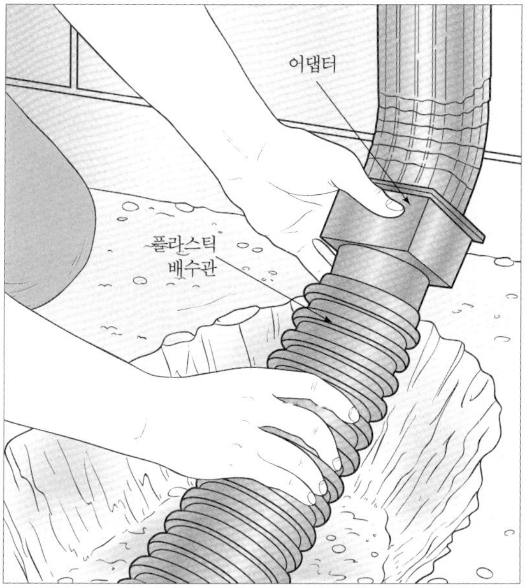

배수관과 빗물 홈통 연결

② 터파기한 바닥에 기초콘크리트를 깔고 2~3일 정도 양생한다.

③ 기초콘크리트 위에 적정한 높이로 집수정을 놓고 배수관을 끼운 다음 주변을 흙으로 채워가면서 고정한다.

되메우기 및 정지

① 배수관 설치가 끝나면 배수관 위에 흙을 다시 메우고 고르게 펴서 정지작업을 한다.

② 정지작업을 한 다음 잔디를 다시 옮겨 심는다. 단, 관목이나 교목은 배수관 때문에 생육에 영향을 받으므로 다른 곳으로 옮겨 심어야 한다.

주의사항

① 경사진 지붕에서 빗물이 직접 떨어질 때는 처마선에 맞추어 주택의 둘레에 폭 40~50cm, 깊이 30~40cm 정도의 크기로 자갈 맹암거를 만들어주어야 한다.

집수시설 설치

① 배수관의 끝 부분에 집수정을 설치할 만한 크기로 땅을 판다.

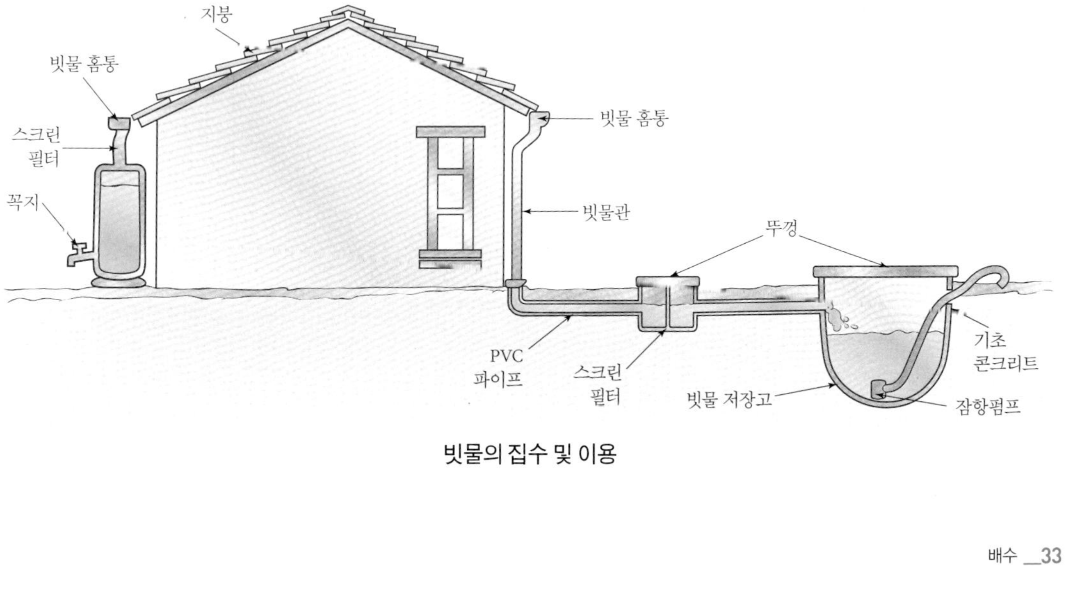

빗물의 집수 및 이용

표면 유출수 차단과 배수

정원 토양의 침식을 방지하기 위해 지표면이나 잔디면에 흐르는 물의 속도를 줄이거나, 빗물을 배수하기 위한 방법에는 여러 가지가 있다. 표면 유출수의 속도를 줄이기 위한 방법으로는 흐름방지침목 · 소단 · 호박돌 심기가 있으며, 배수를 위해서는 잔디 배수로 · 돌수로 · 맹암거 · 집수정 · 건정 설치 등의 방법을 사용할 수 있다.

여러 가지 배수시설

흐름방지침목–좁고 경사진 곳에 설치하여 표면 유출수의 속도를 줄이며, 계단으로도 사용이 가능하다.

소단–경사진 곳에 설치하면 물 유출수의 속도를 크게 줄일 수 있으며, 식재가 가능하다.

호박돌 심기–유출 속도를 줄이는 효과는 낮지만, 자연스러운 분위기를 연출할 수 있고, 시공이 간편하다.

맹암거–표면 유출수를 맹암거로 유도하여 배수하는 방법으로 배수효과가 높지는 않지만, 경관효과가 좋은 친환경적인 방법이다.

집수정–표면 유출수나 지하관로를 통해 유입된 물을 배수시키는 구조물로 배수효과가 매우 높다.

건정–맹암거나 상부로부터 스며든 물을 배수하는 방법으로, 배수효과는 높지 않으나 자연적인 배수방법이다.

도구

흐름방지침목, 소단–수평계, 삽, 다짐기, 줄자

호박돌 심기–삽, 곡괭이

맹암거, 집수정–삽, 톱

건정–삽

재료

흐름방지침목–침목, 긴 못

소단–침목이나 목재, 벽돌, 돌, 초화류

호박돌 심기–호박돌, 초화류

맹암거–자갈, 폴리에틸렌 유공관, 부직포

집수정–합판, 못, 콘크리트, 플라스틱 집수정

건정–자갈, 모래, 부직포

흐름방지침목

침목이나 큰 목재를 물이 흐르는 방향과 직각이 되게 설치하여 표면 유출수의 흐름 속도를 줄인다. 한 개를 설치하고 물의 흐름을 살핀 후 필요하다면 추가로 설치한다.

① 침목이나 목재를 설치할 곳에 땅을 판다.

② 침목이나 목재의 상부면을 수평으로 조정하고 흔들리지 않게 흙으로 고정한다.

③ 긴 못을 침목이나 목재의 양쪽에 박아서 땅에 고정한다.

흐름방지침목 설치

소단

경사면에 침목, 벽돌, 돌을 이용하여 소단을 여러 개 만들고 여기에 수목을 식재하여 물의 유출 속도를 줄인다. 소단은 낮은 곳부터 설치한다.

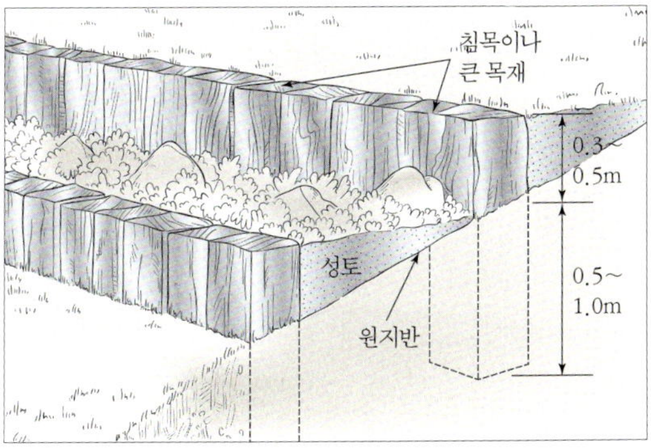

소단 설치

① 소단을 설치할 곳 중 제일 낮은 곳부터 땅을 파고 침목이나 돌을 수직으로 세워 흙으로 고정하여 소단을 만든 후 식재 부위를 흙으로 채운다.

② 이러한 방법으로 전체 소단을 만들고 식재 부위에 초화류를 심는다.

호박돌 심기

경사면에 15cm 이상의 호박돌을 절반 정도 흙 속에 묻고 호박돌 사이사이에 초화를 심어 표면 유출수의 흐름을 줄일 수 있다. 경사가 가파를수록 호박돌의 간격을 좁게 설치한다.

호박돌 심기

① 땅을 파고 그 위에 호박돌을 놓고 순차적으로 원하는 곳에 호박돌을 심는다.

② 호박돌 사이에 초화류를 식재한다.

맹암거

지하로 침투한 물을 배수하고 배수가 불량한 지역의

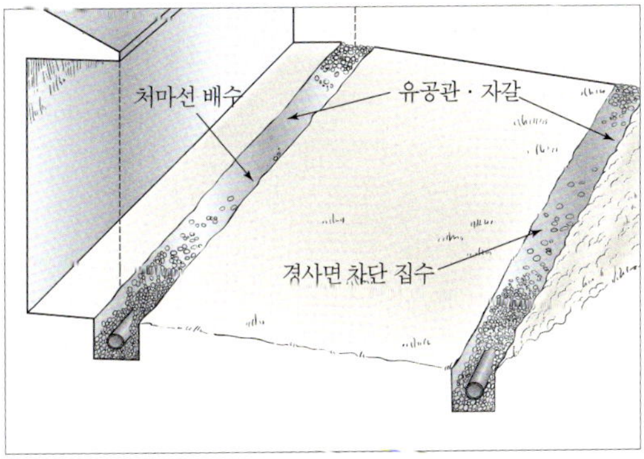

맹암거 설치

배수 상태를 개선하거나 처마선에서 내려오는 빗물을 받기 위해 설치한다.

① 맹암거를 설치하려는 곳에 터파기를 하고 폴리에틸렌 유공관을 설치한 후 자갈로 채운다.

② 맹암거에 진흙이나 이물질이 들어가지 않도록 상부에 부직포를 덮어준다.

집수정

기성품 콘크리트 집수정이나 플라스틱 집수정을 설치하면 표면 유출수를 집수한 후 관을 통하여 배수할 수 있다.

기성품을 사용하지 않고 직접 콘크리트를 타설하여 집수정을 만들기 위해서는 전문적인 기술과 많은 노력이 필요하므로 조경기술자의 도움을 얻는 것이 좋다.

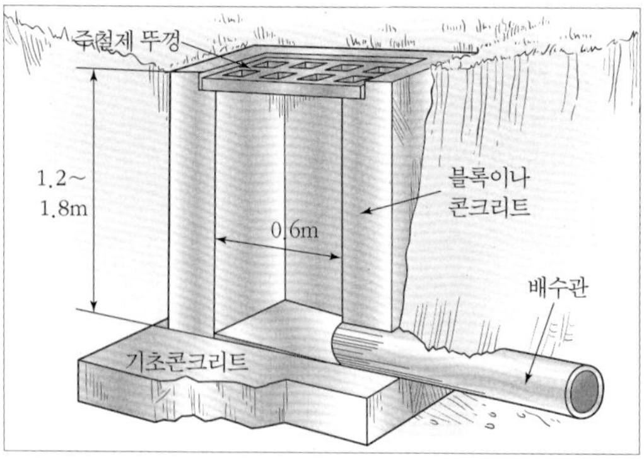

집수정 설치

① 집수정을 설치하려는 곳에 터파기를 한다.

② 바닥에 기초콘크리트를 10~20cm 두께로 타설하고 2~3일 정도 양생한다.

③ 기성품 콘크리트 집수정이나 플라스틱 집수정을 설치 · 고정한다.

④ 주변에 흙을 채워 완전히 고정하고, 집수정 위에는 물이 들어올 수 있도록 구멍이 뚫린 주철제 뚜껑을 설치한다.

건정

땅속에 스며든 물이나 맹암거를 통해 들어온 물 또는 상부에서 떨어지는 물을 자갈이나 모래로 채워진 건정을 이용하여 배수할 수 있다.

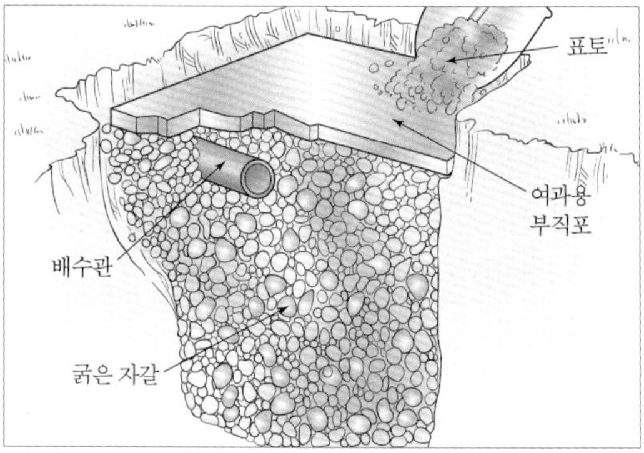

건정

① 건정을 만들고자 하는 곳에 터파기를 하고 여기에 배수관을 설치한 다음 굵은 자갈로 채운다.

② 이물질이 들어가지 않게 상부에 여과용 부직포를 깔아주어도 좋다.

주의사항

① 배수시설은 설치 후 비가 올 때 배수 상태를 면밀히 관찰하여 문제가 생기면 점진적으로 개선하는 것이 좋다.

② 빗물을 바로 배수하지 않고 자연형 정화연못이나 인공적인 정수시스템을 이용하여 정화한 다음 재활용해도 좋다.

CHAPTER 2

정원시설물

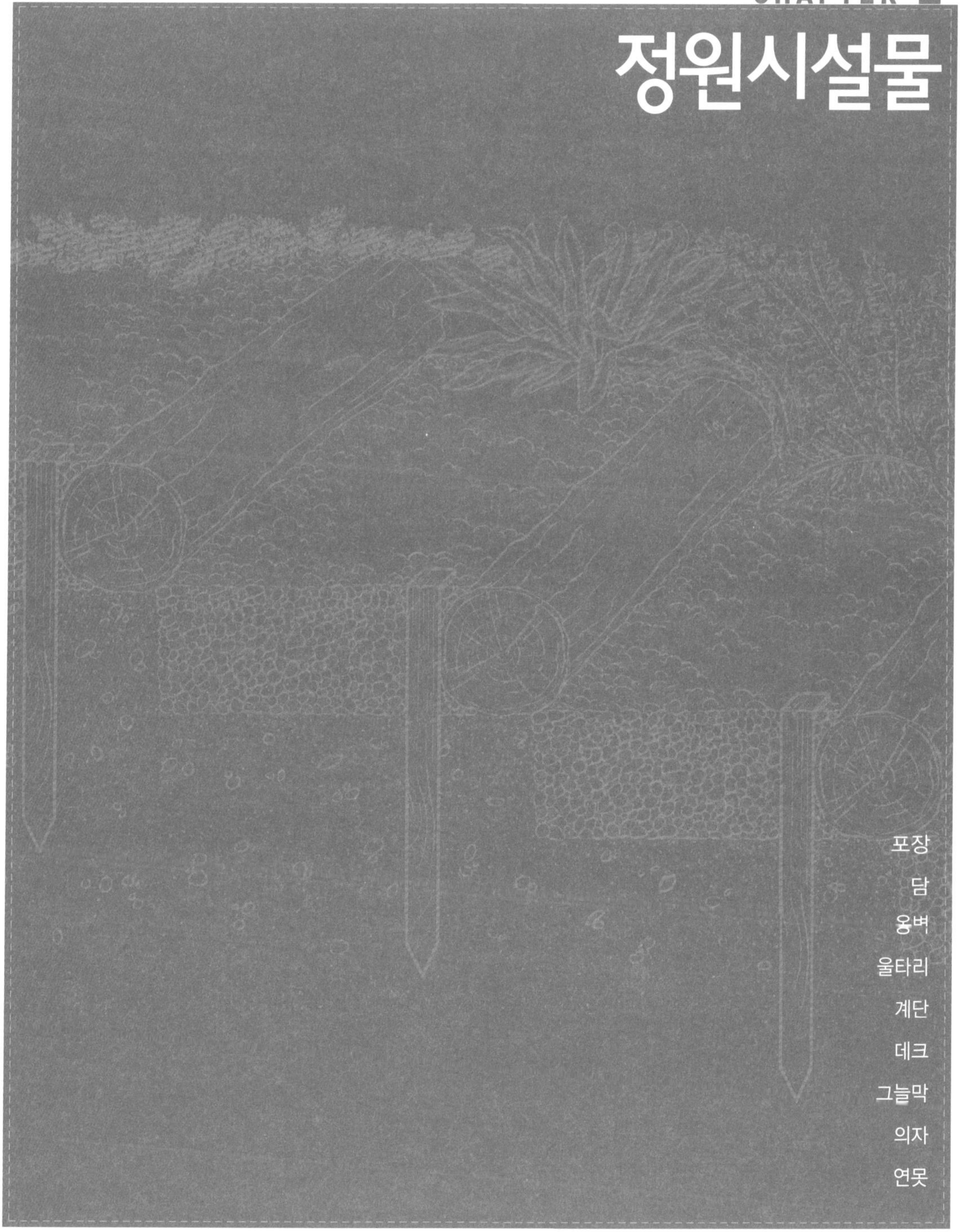

포장

담

옹벽

울타리

계단

데크

그늘막

의자

연못

포장

외부공간을 블록, 판석, 콘크리트 등을 이용하여 포장을 하면 보기에도 좋을 뿐만 아니라, 활동하기에도 더 안전하고 편리하다. 포장재를 선정할 때는 각 재료의 장단점을 고려해야 하는데, 대표적으로 비용 · 표면 질감 · 외관 · 유지 관리의 용이성 · 내구성 · 시공 용이성 등을 검토해야 한다.

① 표면 질감은 이용자의 만족, 관리의 편리성, 안전에 영향을 준다. 예를 들어 표면이 거칠면 미끄럼을 방지하고 자연스러운 느낌을 줄 수 있으나, 이용하는 데 불편할 수도 있다.

② 포장재의 외관은 색 · 질감 · 패턴에 따라 결정되는데, 개인적으로 선호하거나 주변과 어울리는 포장재를 선택해야 한다.

③ 유지 관리가 용이한 재료는 시공이 끝난 후 관리비를 줄이고 관리에 필요한 노력을 절감할 수 있어 효과적이다.

④ 내구성은 포장재의 강도나 내마모성과 같은 물리적 성질이나 기후적 요인에 영향을 받는다. 외부공간에서 사람의 이용밀도가 높은 곳에는 내마모성이나 강도가 높은 포장재를 사용하는 것이 좋으며, 겨울철 기온이 영하로 떨어지는 곳에서는 토양의 동결융해나 포장단면에서 수분이 결빙되어 포장재가 들떠서 파괴되는 것을 예방해야 한다.

⑤ 시공의 용이성은 포장을 위해 필요한 노동력과 시공비용을 결정하는 중요한 변수이다. 특히 개인이 직접 시공할 때에는 시공의 용이성이 포장재료 및 공법 선택에 결정적 영향을 미친다.

기초 및 경계 설치

자연석 판석같이 자중이 큰 포장재는 흙을 다져 바로 포장기초면으로 사용할 수 있으나, 대부분의 포장은 모래나 골재, 콘크리트를 이용한 안정된 기초를 필요로 한다. 최근에는 투수성 포장을 하여 포장면 아래로 물이 침투되도록 하는 환경친화적인 배수방법도 적용되고 있는데, 이때는 포장면 아래로 물이 침투할 수 있도록 투수형 기초를 만들어야 한다.

도구

삽, 기준선, 레벨, 다짐기, 표시말뚝, 고무망치, 앵커, 클램프, 자막대기

재료

모래, 골재, 벽돌, 콘크리트, 화강석 경계석, 콘크리트 블록, 침목, 그린에지

배수

① 포장을 하면 주변공간의 배수패턴에 변화가 일어나게 되므로 이를 고려해야 한다.

② 원활한 배수를 위해서는 포장면에 적절한 표면경사를 주어 자연스럽게 배수되게 해야 하는데, 이때 지나치게 표면수가 유출되면 침식이나 건물에 피해를 줄 수 있으므로 주의해야 한다.

③ 배수가 잘 되지 않는 곳을 포장할 때는 포장면 아래에 맹암거를 설치하여 지반침하를 방지하고 배수를 증진한다.

정지작업

① 정지작업을 위해 땅을 파기 전, 지하에 매설된 가스 · 전기 · 수도 · 배수 · 전화 등 공급 및 서비스라인이 어떻게 배치되어 있는지를 사전에 관계자와 함께 확인해야 한다.

② 무분별하게 건설기계를 이용하여 땅을 파거나 정지작업을 한다면, 시설의 파손에 따른 심각한 문제가 발생할 수 있다. 만약 기반공급시설을 확인하기 곤란하거나 선이 복잡한 경우에는 작업 속도가 더디더라도 안전하게 인력으로 작업하는 것이 좋다.

③ 개략적인 눈대중으로 정지작업을 할 수도 있으나 정확성을 높이기 위해서는 표시말뚝을 1.5~3m 간격으로 설치하고 정지작업을 하는 것이 좋다.

④ 포장면의 마감높이를 결정하고 표시말뚝에 표기해야 하며, 레벨을 이용하여 각각의 높이를 표기하거나 기준말뚝에서 다른 말뚝으로 수평선을 띄워서 높이를 표시한다. 배수를 위해 물이 배수되는 방향의 경사를 고려하여 높이를 표시해야 한다.

⑤ 기초층과 포장재의 두께를 고려하여 적절한 깊이로 터파기를 하고, 터파기 구역은 시공의 편의를 위해

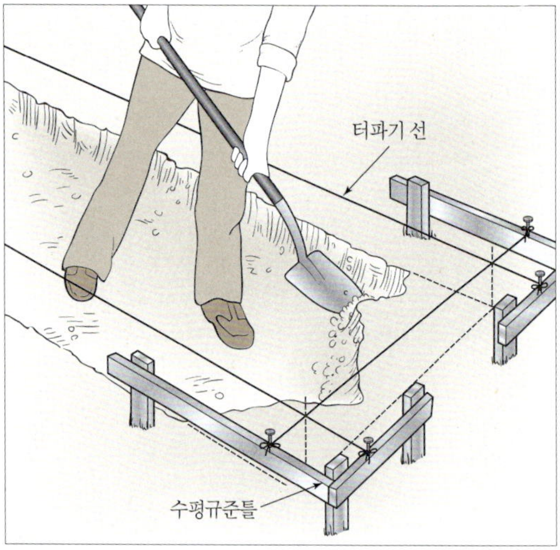

터파기

일반적으로 포장면의 크기보다 30cm 정도 넓게 한다. 터파기를 할 때, 모서리와 경계를 깨끗하게 마감하면 추가작업을 쉽고 편하게 할 수 있다.

기층재 깔기 및 다짐

① 터파기한 지역의 흙을 고르게 다지고 움푹 파인 곳은 흙을 더하여 다진다.

② 포장면 상부하중을 지탱하도록 다진 지표면 위에 기층재나 골재를 빈 곳이 없게 일정한 두께로 포설하고 다짐기를 이용하여 다진다. 다진 후에 만약 낮은 부위가 있다면 추가로 기층재를 보충하고 재차 다진다.

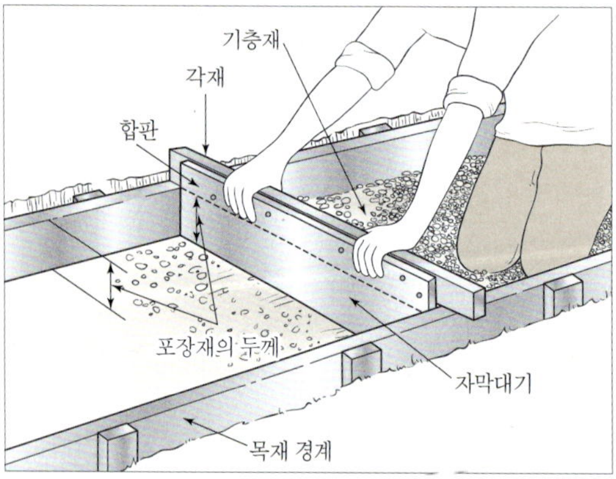

기층재 깔기 및 다짐

경계 설치

① 경계는 포장 지역의 기초 재료와 포장재를 긴밀히 결속시키거나, 잔디밭이나 화단을 깨끗하게 구획할 수 있게 해준다.

② 끝단의 높이는 포장면의 높이와 같거나 5~15cm 높게 하는데, 상황에 따라서 적절한 높이를 선택해야 한다.

③ 경계의 재료는 포장재와 동일한 재료를 사용하거나 포장재와 조화를 이룰 수 있는 제품을 사용한다.

④ 경계는 일반적으로 길기 때문에 반드시 수평규준틀을 설치하고 선을 띄운 후 원하는 방향과 높이로 시공해야 한다.

● **벽돌 경계**

① 포장 지역의 바깥쪽 끝단을 정한 후 터파기를 한다.

② 터파기한 부위를 다지고 바로 벽돌을 세워 경계를 만들 수도 있으나, 더 안전하게는 콘크리트 기초를 만들고 그 위에 벽돌을 설치하는 것이 바람직하다.

③ 콘크리트 기초를 만들기 위해서는 벽돌의 폭보다 조금 더 넓은 폭으로 거푸집을 설치하고 콘크리트를 타설한 후 표면을 고른 다음 양생한다.

④ 굳은 콘크리트 면에 모르타르를 이용하여 벽돌을 고정한 후 충분히 양생되어 고정되면 뒷면에 흙을 채

벽돌 경계

고압블록 경계

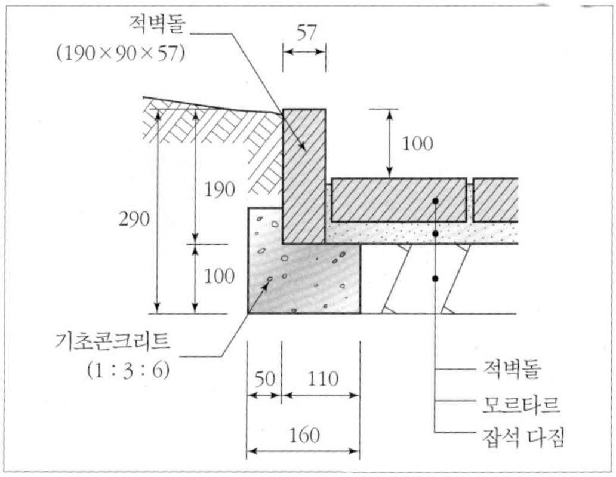

벽돌 경계 시공 단면

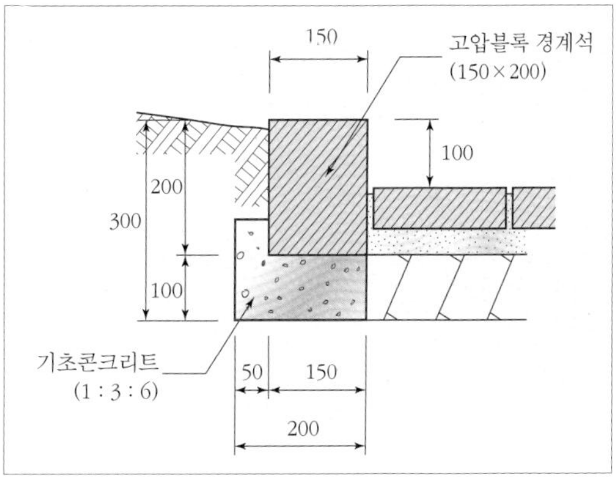

고압블록 경계 시공 단면

워 마감한다.

● 콘크리트 블록 경계

콘크리트 블록 경계는 별도로 경계용 블록을 사용하여 설치하며, 시공방법은 벽돌 경계와 동일하다.

● 콘크리트 및 화강석 경계석

일정한 규격(보통 1m 길이)으로 가공한 콘크리트나 화강석 경계석을 포장면 경계에 설치하는 것이다.

① 경계석을 설치할 위치에 터파기를 하고 흙을 다진 후, 콘크리트를 타설하고 충분히 양생해 콘크리트 기초를 만든다.

② 콘크리트 기초가 양생된 후 마른 모르타르를 이용하여 높이를 조절해가면서 경계석을 놓는다. 이때, 갈고리를 이용하여 경계석의 양단을 들고 설치할 위치에 놓은 다음, 고무망치를 이용하여 두들겨 정확한 높이를 맞춘다.

③ 경계석 설치가 끝난 다음, 경계석의 바깥쪽 방향으로 간이 거푸집을 대고 콘크리트 기초를 일정한 형태로 만든다.

④ 2~3일 지난 후 콘크리트가 굳고 경계석이 고정되면, 뒷면에 조심스럽게 흙을 채워 마감한다.

콘크리트 경계

침목 경계

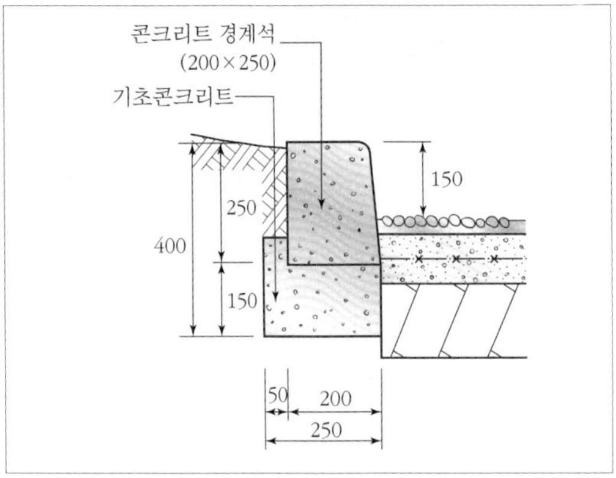

콘크리트 경계 시공 단면

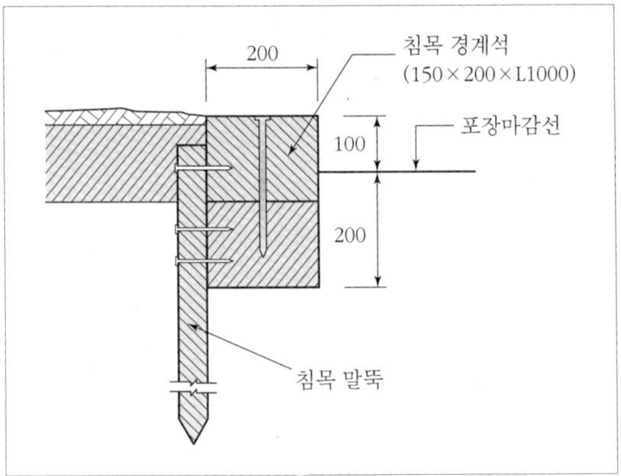

침목 경계 시공 단면

● 목재 및 침목 경계

① 목재 경계는 자연스러운 분위기를 연출하기에 좋지만 내구성이 약하므로, 가급적 내구성이 높은 방부목이나 침목을 사용하는 것이 좋다.

② 다른 재료와 달리 자재 중량이 작아서 움직이기 쉬우므로 땅속에 박거나 목재 사이를 앵커나 클램프 같은 연결재를 이용하여 적절히 고정한다.

③ 더욱 튼튼하게 고정하기 위해서는 콘크리트 기초를 만들어 고정하는 것이 좋다.

● 그린에지

① 최근에는 경계를 자연스러운 형태로 만들 수 있는 플라스틱이나 알루미늄으로 만든 시공이 간편한 조립식 경계의 사용이 두드러지고 있다.

② 그린에지는 흙을 판 후 별다른 작업 없이 바로 설치가 가능하여 시공하기 쉽고 간편하다. 상부의 노출면이 적어 시각적으로도 자연과 잘 어울리며, 부드러운 곡선을 자유자재로 만들 수 있다는 장점이 있다.

③ 시공은 흙을 터파기하고 이것을 흙 속에 고정하기 위한 핀을 박은 후 상부에 포장재를 올려놓으면 된다.

그린에지

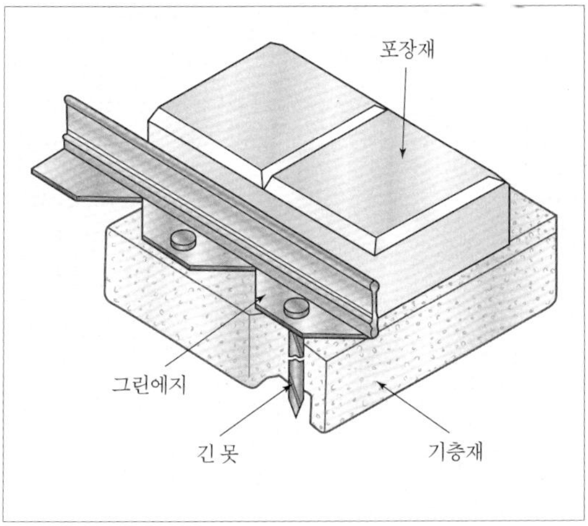

그린에지 시공 단면

주의사항

① 기초 및 경계 설치는 후속 공정인 포장작업과 연계성을 검토해야 한다.

② 기초 및 경계의 높이는 최종 포장높이를 고려하여 결정한다.

③ 지반과 기층재 다짐을 하여 포장면이 침하되지 않도록 주의한다.

콘크리트 포장

콘크리트는 시멘트, 모래(잔골재), 자갈(큰 골재), 그리고 물을 섞어서 만드는데, 미리 비벼진 콘크리트*Ready Mixed Concrete*인 레미콘을 사용하면 더 쉽게 콘크리트 포장을 할 수 있다. 콘크리트는 가격이 저렴하고 재료를 구하기 쉽고, 표면을 거칠게 하면 경사진 곳에서 미끄럼을 방지할 수 있으며 나뭇잎 등을 이용하여 다양한 패턴을 연출할 수 있어 포장재로 널리 사용되고 있다. 그러나 동결 및 신축에 의한 균열이 발생하기 쉽다. 경제적이지만 작업을 위해서는 노동력과 숙련된 기술이 필요하다.

콘크리트 포장

도구

삽, 쇠스랑, 나무흙손, 쇠흙손, 긴 막대, 브러시, 수평계

재료

시멘트 · 모래 및 자갈(골재) · 물 또는 레미콘, 와이어메시, 혼합골재, 폴리에틸렌 필름, 거푸집용 목재, 못, 줄눈재

콘크리트 입수

포장용 콘크리트로는 주로 레미콘이나 현장에서 직접 비빈 콘크리트를 사용하는데, 레미콘을 사용할 경우 비용 · 품질 · 시간 등에서 효율적이나 보통 $3m^3$ 이상의 작업에 적용이 가능하며, 별도로 레미콘 운반 차량의 진입로와 운반도구를 준비해야 하므로 작업규모가

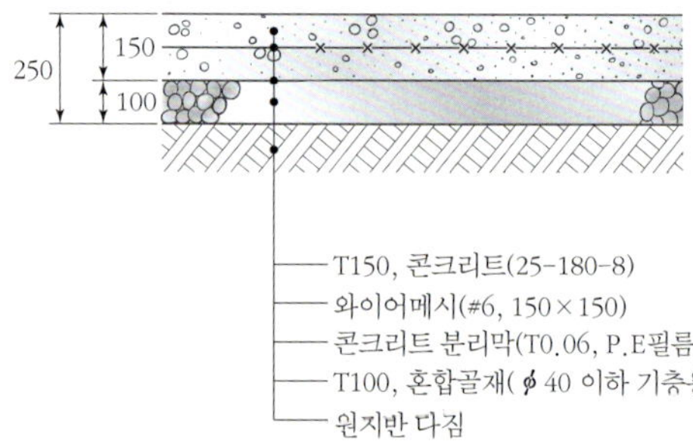

보도용 콘크리트 포장 시공 단면

커질 수 있다. 레미콘을 사용하기 위해서는 미리 생산 공장에 연락하여 사용 일시, 장소, 양, 강도, 슬럼프 값 등 필요한 정보를 알려주어야 하며, 사용할 때에는 적절한 강도와 슬럼프 값을 갖는지 다시 한 번 확인해야 한다. 보통 공장에서 출고된 지 2시간 이상 경과하지 않은 레미콘을 사용하는 것이 좋다.

거푸집 설치

① 콘크리트 포장을 하려는 지역을 보통 10cm 이상의 균등한 깊이로 터파기를 한 후 지면을 고르고 침하되지 않도록 충분히 다진다.

② 거푸집을 콘크리트 포장면의 끝단에 원하는 높이로 설치한다. 아울러 거푸집은 콘크리트 타설 중에 움직이지 않도록 단단히 고정하고 콘크리트가 거푸집 바깥으로 스며나오지 않게 한다.

③ 거푸집 사이에 수평계를 대어 수평 여부를 확인한다.

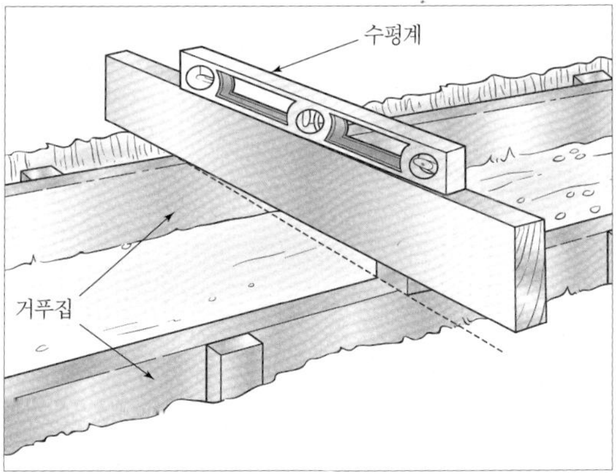

거푸집 설치

와이어메시 및 신축줄눈 설치

① 콘크리트에 균열이 생기는 것을 방지하고 구조적 성능을 개선하기 위해 콘크리트 내부에 와이어메시를 설치하는데, 와이어메시가 콘크리트에 적절히 위치할 수 있도록 밑에 돌을 고인다. 또한 콘크리트의 신축에 따른 균열을 방지하기 위해 3m 정도 간격으로 신축줄눈을 삽입하면 효과적이다.

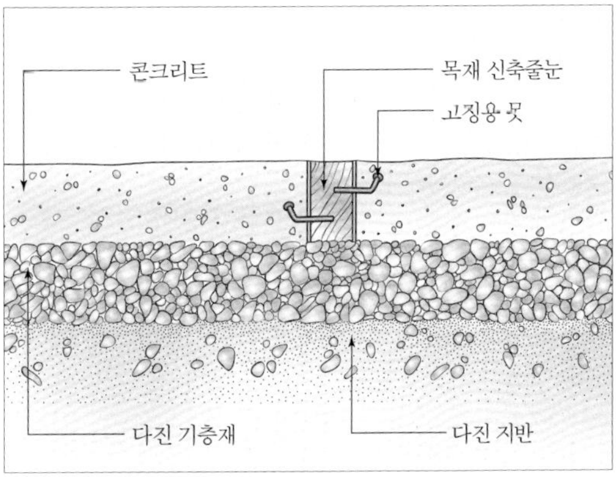

목재 신축줄눈 시공 단면

현장 직접 비빔

① 현장에서 직접 콘크리트를 비빌 때는 1 : 2 : 4나 1 : 3 : 6(시멘트 : 모래 : 자갈) 등 적정한 용적배합비율로 배합해 사용한다.

② 콘크리트는 물과 시멘트가 수화작용을 하면서 모래와 자갈이 일체되어 경화되므로 구성요소가 잘 혼합되게 충분히 비벼주는 것이 좋다.

③ 보통은 삽을 이용하여 비비는데, 목재나 철판 위에 모래를 깔고 여기에 시멘트를 더하여 골고루 섞은 다음 자갈을 넣고 재차 충분히 비빈 후, 물을 더해가면서 신속하고 충분하게 비벼준다.

④ 만약 쉽게 비비기 위해 물을 과다하게 넣거나, 충분하게 비벼주지 않았을 때는 콘크리트의 강도가 저하되는 문제가 발생한다.

콘크리트 부어 넣기

① 거푸집의 한쪽 끝에서부터 콘크리트를 부어 넣으며, 삽이나 쇠스랑을 이용하여 주변으로 고르게 펼친다.

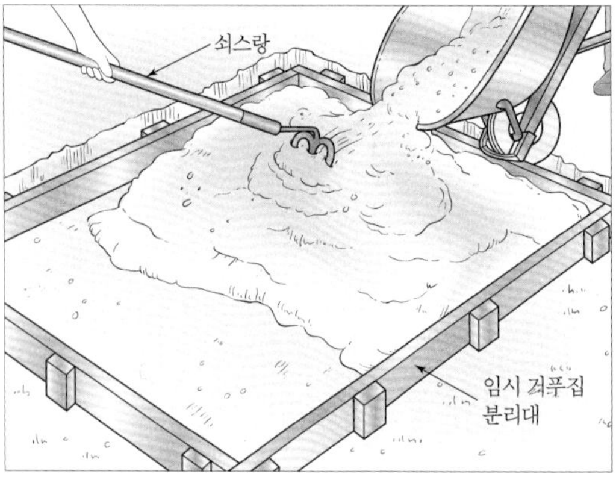

콘크리트 부어 넣기

② 막대기를 이용하여 면을 고르는데 콘크리트가 부족한 곳은 더하고 남는 곳은 덜어내 표면을 평활하게 만든다.

③ 콘크리트 면에 목재를 삽입하거나 홈을 주어 신축줄눈을 설치한다. 최근에는 콘크리트가 완전히 굳은 후 콘크리트 절단기를 이용하여 신축줄눈 홈을 만드는 방법도 사용되고 있다.

④ 표면에 수분이 사라지고 콘크리트가 굳기 전에 나무흙손으로 면을 고른 후 다시 쇠흙손으로 표면을 부드럽게 만든다.

⑤ 미끄럼을 방지하기 위한 표면을 만들기 위해서는

콘크리트 고르기

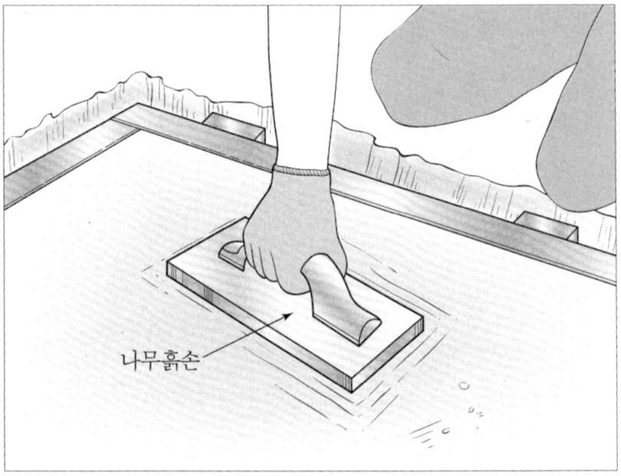

흙손으로 면 고르기

브러시 긁기

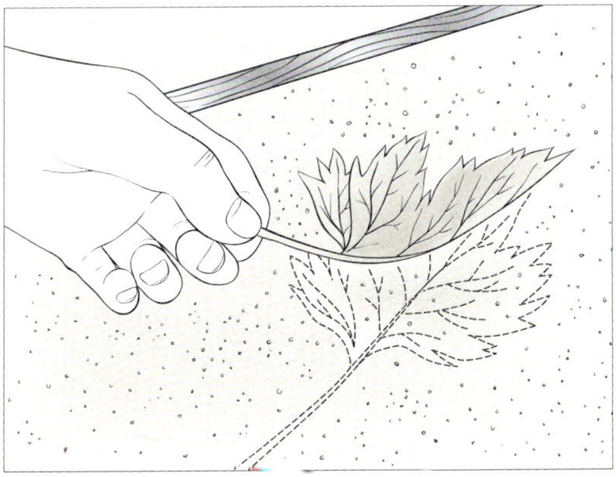

나뭇잎 무늬 넣기

브러시를 이용하여 표면을 긁어 직선이나 곡선의 패턴을 만든다.

⑥ 시각 효과를 높이기 위해 다양한 문양을 넣을 수 있는데, 콘크리트 표면이 완전히 굳기 전 나뭇잎을 놓고 문질러 표면에 무늬를 만들 수 있다.

양생하기

① 콘크리트를 부어 넣은 후에는 5일 이상 보행이나 외부로부터 충격이 가해지지 않도록 보호해야 하며, 양생 과정에서 수분 증발로 인해 콘크리트에 균열이 생기거나 품질이 저하되는 것을 방지하기 위해 건조하고 더운 날씨에는 거적이나 가마니를 덮고 물을 뿌려서 수분을 보존해주어야 한다.

거푸집 제거

① 거푸집은 콘크리트가 원하는 강도로 굳을 때까지 제거하지 않는다.

② 거푸집은 하중을 덜 받는 곳부터 제거하며, 콘크리트에 손상이 가지 않도록 조심해야 한다.

주의사항

① 현장에서 손비빔을 할 때는 물을 적당히 가하여 충분히 비벼주어야 한다.

② 사용하는 물과 골재는 깨끗하고, 시멘트는 출고 후 오랜 시간 경과되어 변질되거나 풍화되지 않은 것을 사용해야 한다.

③ 콘크리트는 시간이 경과하면 재료가 분리되거나 굳어서 쓸 수 없게 되므로 비비기에서 치기까지의 모든 작업 과정을 1시간 이내에 마쳐야 하며, 저온 · 습윤 작업도 2시간 이내에 끝내야 한다.

④ 콘크리트를 치는 도중과 친 후에 충분히 다져서 콘크리트 내부의 빈틈을 없애고, 거푸집 · 철근 · 배관 등의 매설물 주변도 구석구석까지 충분히 다져서 빈틈없이 밀착되게 한다.

⑤ 거푸집을 제거한 후에는 끝단이나 돌출부를 깨끗이 다듬는다.

⑥ 콘크리트 포장 작업이 끝난 후에는 주위의 콘크리트 잔존물이나 쓰레기를 치우는 등 주변을 정리한다.

콘크리트의 배합

원하는 강도, 슬럼프, 워커빌리티*workability*를 가진 콘크리트를 얻기 위해서는 시멘트, 모래, 자갈의 양을 적절히 배합하여 사용하여야 한다. 일반적으로 콘크리트 배합에는 용적배합과 중량배합이 있다. 용적배합은 콘크리트 1m^{3}를 만들어내는 데 소요되는 각 재료의 양을 절대용적(L)으로 계량하여 1 : 2 : 4 또는 1 : 3 : 6 같은 배합비율로 표시한 것으로, 손쉽게 배합할 수 있으나 정확도가 중량배합보다 다소 낮다. 중량배합은 각 재료의 양을 중량(kg)으로 표시한 것으로 계측상 오차가 없어 원하는 콘크리트를 만들어낼 수 있다.

노출자갈콘크리트 포장

작업하기가 번거롭고 노력이 많이 필요하지만 미적 효과가 뛰어나 가정 정원에 이용하면 잘 어울리며, 최근에는 지압보도에도 많이 활용된다. 콩자갈이나 조약돌 등 다양한 크기의 재료를 사용할 수 있다.

노출자갈콘크리트 포장

도구

흙손, 브러시, 망치, 못

재료

콘크리트, 콩자갈이나 조약돌, 혼합골재

준비 및 콘크리트 치기

① 터파기를 하고 다진 후 거푸집을 설치한다.

② 포장하려는 곳에 콘크리트를 부어 넣는다. 이때 콘크리트 표면의 높이는 거푸집보다 약간 낮게 마감한다.

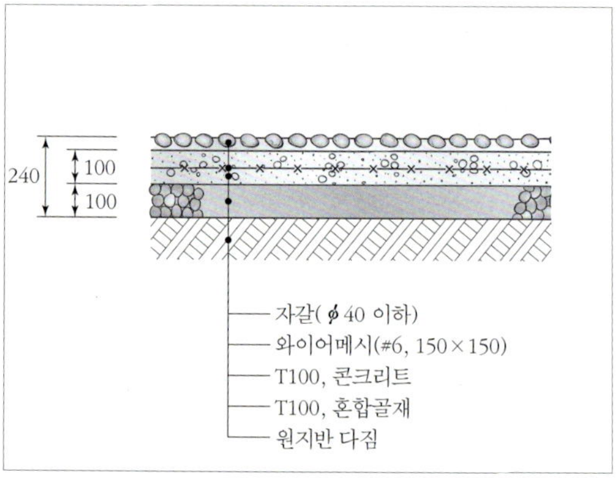

노출자갈콘크리트 포장 시공 단면

콩자갈 뿌리기

손이나 삽을 이용하여 콩자갈을 콘크리트 위에 고르게 퍼지도록 균등하게 깐다. 이때 콩자갈은 이물질이

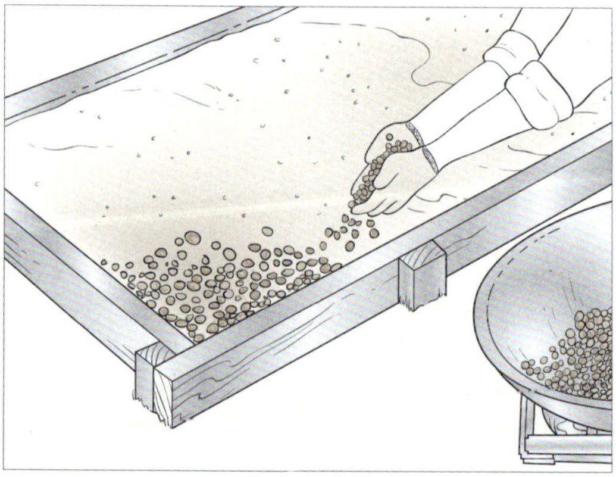

콩자갈 뿌리기

묻지 않은 깨끗한 것을 사용해야 한다.

콩자갈 묻고 흙손질 하기

나무흙손을 사용하여 자갈이 콘크리트 밑으로 들어가도록 누른 다음, 흙손으로 표면을 문지른다.

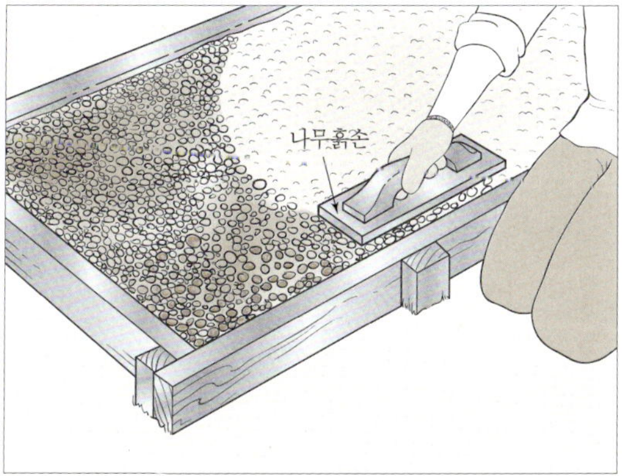

콩자갈 묻고 흙손질하기

콘크리트의 굳기 점검

콘크리트의 굳기를 규칙적으로 점검하여야 한다. 만약 콘크리트와 콩자갈이 일체화되기 전에 표면을 씻어내면 콩자갈이 떨어져 나가게 되며, 콘크리트가 지나치게 굳었다면 자갈을 노출시킬 수 없으므로 주의해야 한다.

표면 씻어내기

콘크리트 위의 높은 쪽 구석부터 시작하여 물을 가늘게 분사하면서 콩자갈 상부가 노출될 때까지 브러시로 표면을 부드럽게 문지른다. 이 과정에서 자갈이 움직이지 않도록 주의해야 한다.

표면 씻어내기

● 조약돌 포장

조약돌은 콩자갈보다 상대적으로 크며, 굳지 않은 콘

지압보도

크리트 면에 한 개씩 놓아 시공하여 모자이크, 기하학적 형태, 동심원 등 다양한 패턴을 연출할 수 있다. 최근에는 공원에 지압용 보도포장으로 널리 사용되고 있다. 시공 과정은 콩자갈 포장과 유사하지만 돌을 심는 과정이 다르다.

① 조약돌 설치 높이를 고려하여 마감높이보다 조금 낮게 콘크리트 면을 마감한다.

② 콘크리트가 굳기 전에 깨끗한 조약돌을 콘크리트 안으로 눌러 심는다. 이때, 콘크리트와 조약돌이 충분히 결속될 수 있도록 눌러야 한다.

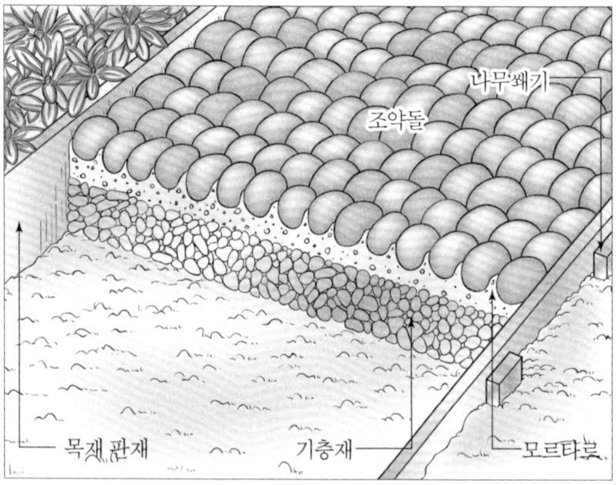

조약돌 포장의 시공 단면

콘크리트 1m³당 재료의 소요량

배합비	시멘트 무게 (kg)	시멘트 포	잔 골재 (m^3)	굵은 골재 (m^3)	적당한 물 · 시멘트 비(%)	주 용도
1:2:4	312	7.8	0.45	0.90	60	철근 콘크리트
1:3:6	220	5.6	0.47	0.94	70	일반 구조물
1:4:8	170	4.4	0.48	0.96	70	자중만을 받는 구조물

주의사항

① 사용되는 콩자갈과 조약돌은 깨끗한 것을 사용하여야 콘크리트와 잘 부착된다.

② 콩자갈이나 조약돌은 콘크리트를 친 후 1~2시간 내에 심어 콘크리트와 충분히 결속되게 하며, 조약돌의 경우 튼튼하게 시공하려면 심는 깊이를 2/3까지 해도 좋다.

③ 문양을 넣고자 할 때는 사전에 문양의 형태와 필요한 색자갈의 양을 확인하고 시공방법에 대해 숙지해야 한다.

④ 시공 후 5일 이상 양생하여 콩자갈이나 자갈이 콘크리트에서 떨어지지 않게 한다.

콘크리트 블록 포장

대부분의 콘크리트 블록은 미리 공장에서 생산된 프리캐스트*Precast* 제품이다. 그중 우리나라에서 널리 사용되고 있는 소형 고압 블록(ILP블록*interlocking pavement block*)은 형태와 색이 다양하므로 시공할 장소의 특성에 따라 적절한 것을 선정하여 사용한다. 최근에는 빗물이 토양층에 자유롭게 투수되는 투수 블록도 개발되어 있으므로 이러한 블록을 사용하여 친환경 정원을 만드는 것도 바람직하다.

도구

삽, 쇠스랑, 자막대기, 진동다짐기, 줄, 비

콘크리트 블록 포장

재료

콘크리트 블록, 경계 블록, 모래, 혼합골재

터파기 및 지반 다짐

① 터파기를 한 후 정지작업을 한다.

② 지반이 침하되지 않도록 진동다짐기로 충분히 다진다.

모래 깔기

① 1일 시공분량만큼만 4~5cm 두께로 모래를 깔고 자막대기를 이용하여 평탄하게 고른다.

② 모래를 고른 후에는 차량이나 사람이 통행하지 않도록 주의한다.

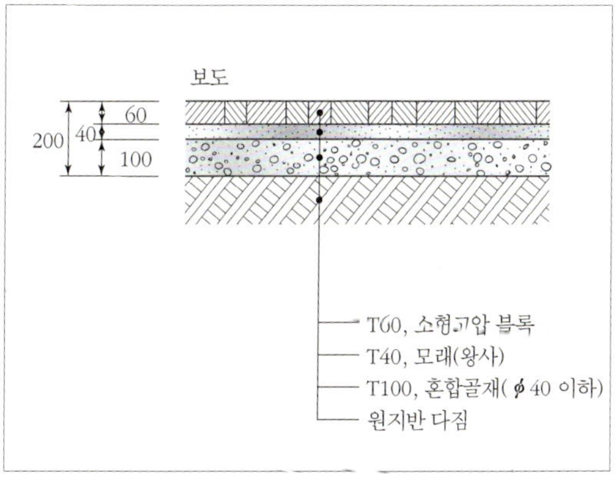

콘크리트 블록 포장 시공 단면

블록 깔기

① 수평줄눈을 설치하고 이것을 기준으로 블록을 진행 방향으로 깔아나간다.

② 포장공간의 폭은 블록을 가장 적게 절단할 수 있게 정해야 하며, 끝단은 마감 블록을 이용하거나 불가피하게 절단해야 할 때는 절단기로 정교하게 절단해야 한다.

소형 고압 블록 깔기

● 현장제작 콘크리트 블록

현장에서 직접 목재 거푸집을 만들고 여기에 콘크리트를 부어 블록을 만들어 사용할 수 있다. 이렇게 현장에서 직접 콘크리트를 만들면 원하는 형태로 콘크리트 블록을 만들 수 있다. 그러나 현장제작 콘크리트는 프리캐스트 콘크리트 블록보다 시각적 효과나 품질이 떨어질 수 있다.

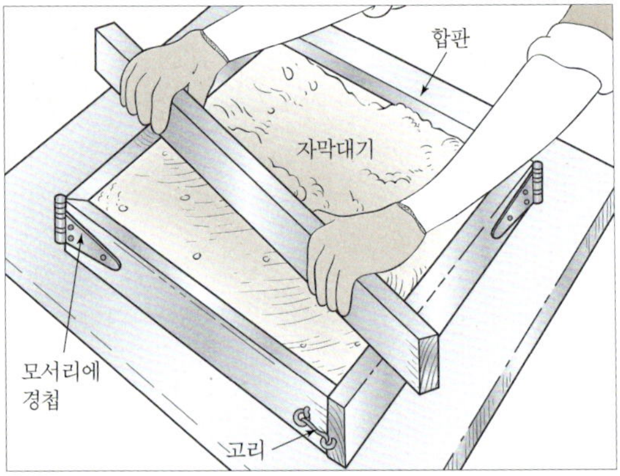

콘크리트 블록 만들기

모래 충진 및 다짐

① 블록을 설치한 다음 포장 표면에 모래를 뿌리고 비를 이용하여 모래를 줄눈 틈에 채운 후, 며칠간 그대로 둔다.

② 진동다짐기로 블록의 표면을 다지고 표면 위에 남아 있는 모래는 깨끗하게 제거한다.

주의사항

① 가능하다면 마감 블록을 사용하여 작업시간과 비용을 절감해야 한다.

② 지반을 충분히 다져 포장면이 침하되지 않게 해야 한다.

자갈 및 분쇄목 포장

자갈 및 분쇄목 포장은 시공이 쉽고 간편하며 자연스러운 분위기를 연출할 수 있는 친환경적인 포장방법이다.

멀칭한 포장도로

도구

삽, 쇠스랑

재료

비닐이나 부직포, 자갈, 분쇄목, 플라스틱 경계

터파기 및 정지

① 포장 경계부를 말뚝을 박거나 선을 그어 표시한다.

② 5~10cm 깊이로 흙을 파낸 후 쇠스랑으로 고른다. 지반이 평탄하거나 이물질이 없을 경우에는 터파기를 하지 않고 바로 자갈이나 분쇄목을 깔 수도 있다.

비닐이나 부직포 깔기

① 잡초가 토양층으로 뿌리를 내려 자라는 것을 막기 위해 비닐이나 부직포를 터파기한 곳에 깐다. 이때 비닐과 부직포를 약간 겹쳐 깔아 빈틈이 없게 한다.

비닐이나 부직포 깔기

경계 설치

① 보도의 양 옆 단에 플라스틱 경계를 설치한다. 침목, 벽돌 등을 사용할 수도 있다.

자갈 및 분쇄목 포설

① 포장할 지역의 크기를 고려하여 자갈이나 분쇄목의 양을 적절히 배분하여 위치시킨다.

② 자갈 또는 분쇄목을 고르게 포설하고 쇠스랑으로 표면을 평탄하게 고른다.

자갈이나 분쇄목 고르기

☞ 주의사항

① 터파기 면을 고르게 하여 자갈이나 멀칭재의 포장두께를 균등하게 한다.

② 배수가 불량한 곳은 맹암거나 배수시설을 추가로 설치한다.

③ 연약한 지반은 충분히 다져 침하되지 않게 한다.

④ 분쇄목은 부패하거나 해충이 서식할 수 있으므로 2~3년마다 한 번씩 교체해주는 것이 좋다.

색자갈 깔기

자갈은 크기와 색이 다양하므로 원하는 색과 크기의 자갈을 골라 포장에 사용하여야 한다. 자갈로 포장을 하면 걸을 때마다 자갈의 마찰음이 생기므로 정원에서 산책할 때 운치를 더할 수 있다.

점토벽돌 포장

점토벽돌은 다른 포장재에 비해 상대적으로 가격이 비싸지만 시각 효과가 뛰어나고 따뜻한 느낌을 주는 좋은 재료이다. 마찰력이 높아 미끄럼 방지 효과가 크며, 관리가 쉽고 간편하여 최근 사용이 증가하고 있다.

과거에는 보통 붉은 벽돌을 포장재로 사용했으나 최근에는 미색이나 연적색의 포장용 점토벽돌 사용도 크게 늘고 있다. 점토벽돌은 제품의 종류에 따라 형태, 색, 질감이 달라 다양한 포장패턴을 연출할 수 있으므로 사전에 사용할 제품의 특성을 명확히 파악하고 포장계획을 세워야 한다.

점토벽돌 포장

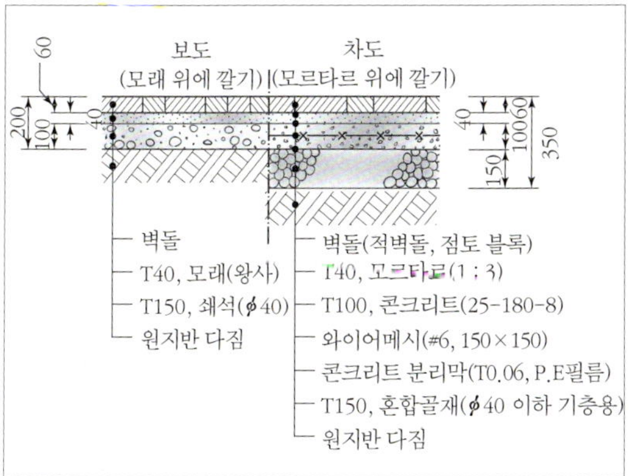

점토벽돌 포장 시공 단면

도구

삽, 쇠스랑, 날망치, 고무망치, 긴 막대, 브러시, 수평줄눈, 수평계, 흙손 , 줄눈마감대, 해머, 폴리에틸렌 필름

재료

점토벽돌, 콘크리트, 모래 또는 모르타르

점토벽돌 절단

① 점토벽돌은 별도로 마감용 벽돌도 있지만, 마감할 크기에 맞지 않을 때는 절단이 불가피하다. 점토벽돌을 절단하기 위해서는 날망치를 이용하여 절단하고자 하는 부위에 사방으로 날 자국을 낸 후, 절단 부위에 날망치를 대고 충격을 주어 절단한다.

② 좀더 보기 좋고 세밀한 시공을 위해서는 절단기를 사용할 수 있다. 이때 작업자는 보호장갑과 보호안경을 반드시 착용해야 한다.

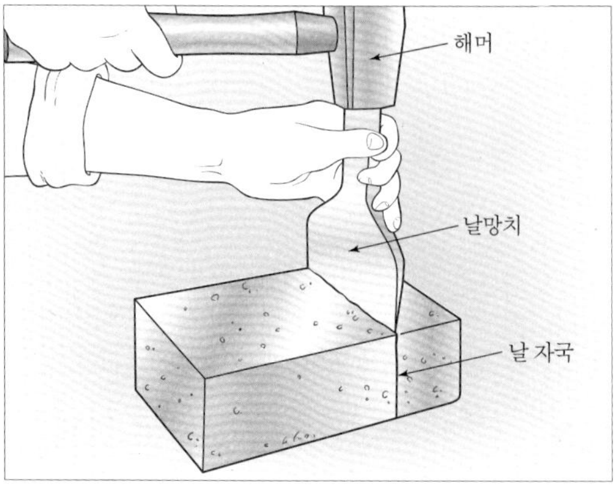

벽돌 자르기

모래 위에 점토벽돌 깔기

이 방법은 초보자들이 하기에 가장 쉬우며 일반화된 방법이지만, 지반이 약할 경우에는 침하될 수 있으므로 사전에 충분한 다짐을 해야 한다.

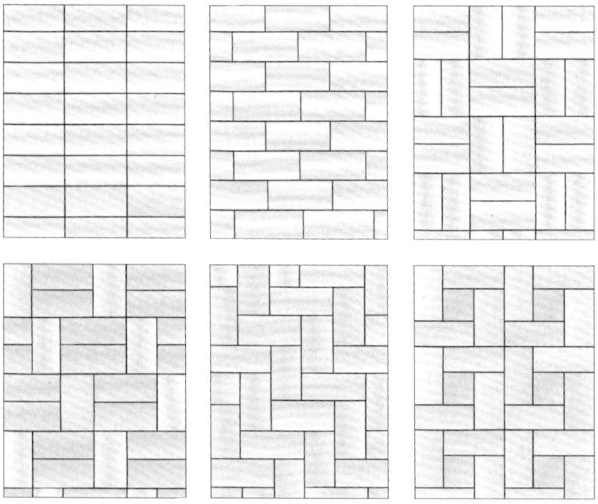
점토벽돌 포장 패턴

● 모래 포설

① 터파기를 한 후 지반이 침하되지 않도록 충분히 다진다.

② 경계 부위를 시공한 후 모래를 4~5cm 두께로 넓게 깐 다음, 경계로 설치한 벽돌의 높이와 높이가 같은 긴 막대를 이용하여 모래를 평탄하게 고른다.

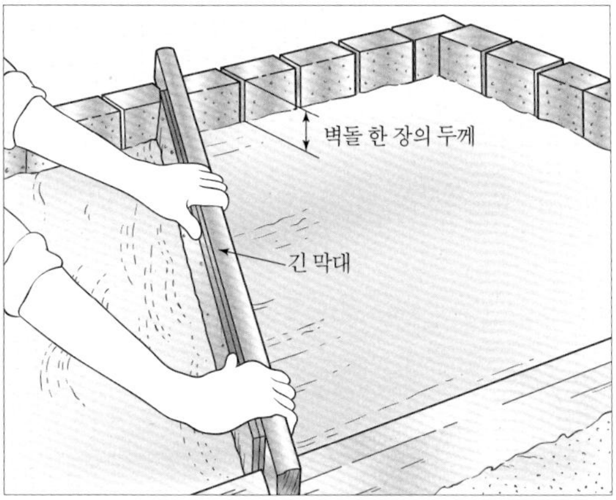

모래 포설

● 점토벽돌 깔기

① 설치된 수평줄눈을 기준으로 점토벽돌을 한쪽 구석에서부터 서로 긴밀히 결속되도록 깔아나가면서 고무망치를 이용하여 위치를 조정하고 고정한다.

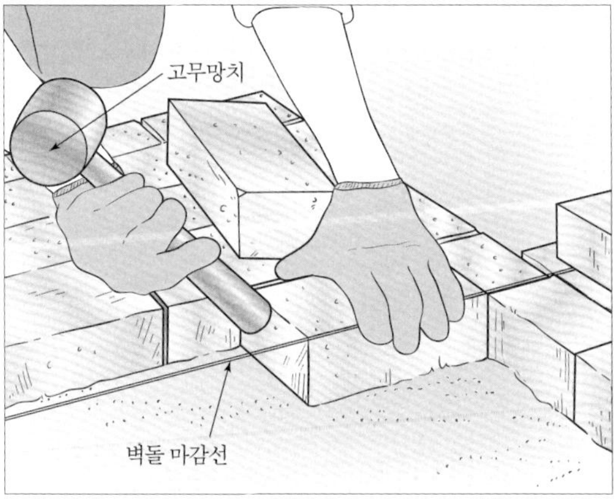

벽돌 고정

● 모래 충진

① 점토벽돌을 깔고 난 다음 표면에 모래를 뿌리고 비를 사용하여 줄눈의 틈을 채운다.

② 모래를 깔고 비로 쓸어 줄눈 사이에 충분히 모래를 채운 다음, 표면에 남은 모래 및 잔여물을 깨끗이 청소한다.

모래 충진

모르타르 위에 점토벽돌 깔기

모르타르를 이용하여 점토벽돌을 깔기 위해서는 콘크리트 기초가 필요하다. 이 방법은 모래 위에 점토벽돌을 까는 것보다 튼튼한 방법이지만 시공하기가 어렵고 번거롭다.

● 모르타르 포설

① 콘크리트 기초 위에 1 : 3(시멘트 : 모래) 수평줄눈을 기준으로 자막대기를 이용하여 모르타르를 4cm 정도 두께로 고르게 포설한다.

② 사용할 모르타르는 한꺼번에 많이 만들어두면 굳을 수 있으므로, 1시간 정도 작업할 분량을 만들어서

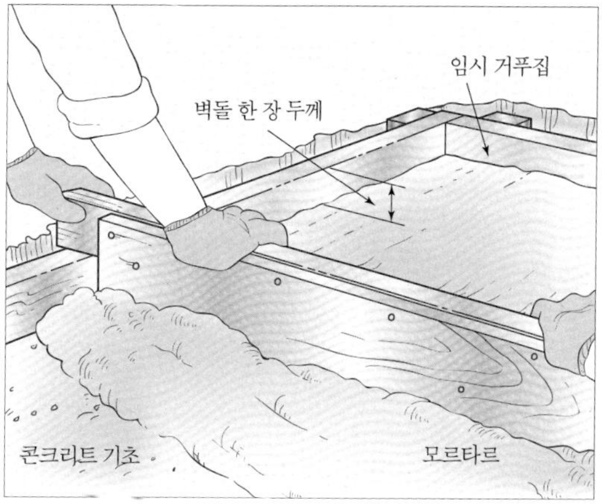

모르타르면 고르기

사용하고 한 번에 $1m^2$ 정도로 모르타르면을 고른다.

● 점토벽돌 깔기

① 모르타르를 깔고 난 다음 점토벽돌을 모르타르 위에 놓고 수평을 유지하면서 고무망치로 두드려 하부 모르타르가 약간 위로 올라와 점토벽돌과 물리게 한다.

② 점토벽돌이 지나치게 건조하면 모르타르 내부의 수분을 흡수하여 모르타르가 제대로 굳지 않으므로,

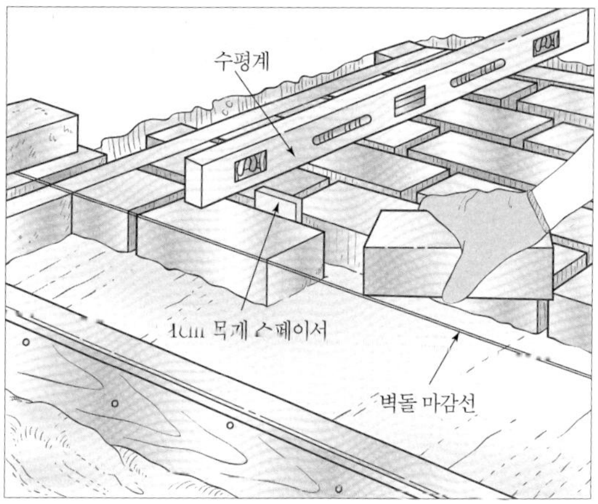

점토벽돌 깔기

사전에 점토벽돌을 충분히 적셔 둔다.

● 줄눈 설치 및 양생하기

① 3일 정도 지나면 점토벽돌과 모르타르가 충분히 결속된다.

② 흙손과 줄눈마감대를 이용하여 점토벽돌에 모르타르를 흘리지 않도록 주의하면서 빈틈이 없도록 모르타르(방수모르타르)를 충진한다.

③ 줄눈 시공 후 수분을 유지하기 위해 비닐을 하루 정도 덮어두고, 7일 이내에는 충격이 가해지지 않도록 주의해야 한다.

④ 만약 줄눈이 없는 방법으로 시공한다면 이 과정은 생략한다.

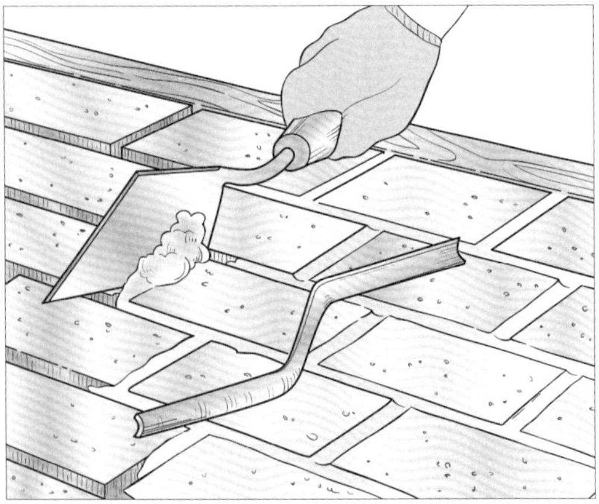

줄눈 채우기

● 이물질 제거 및 청소

① 작업 과정에서 부주의하여 포장면에 모르타르가 지저분하게 묻었다면 브러시에 10% 염산용액을 묻혀 깨끗이 닦아낸 후 물로 씻어낸다. 이때는 반드시 보호장갑과 보호안경을 착용해야 한다.

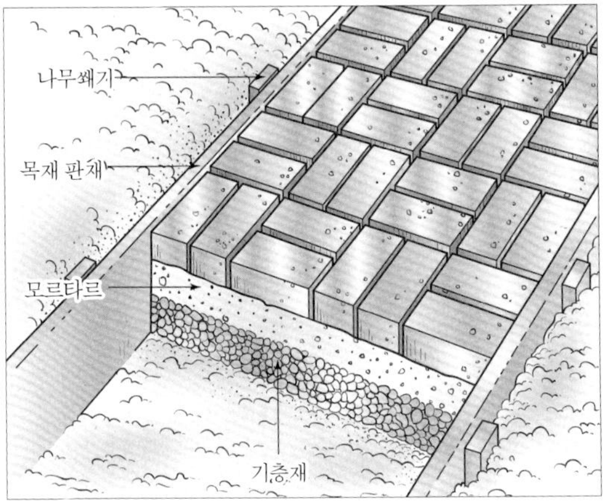

점토벽돌 시공 단면

주의사항

① 시공 중 비가 오면 비닐 등으로 시공 면을 덮어주어야 한다.

② 모르타르와 점토벽돌이 충분히 결속된 후에 줄눈을 채운다.

③ 겨울철에 줄눈으로 수분이 침투하면 동결로 인해 벽돌이 들뜨게 된다. 이것을 방지하기 위해 방수모르타르를 사용하면 좋다.

자연석 판석 포장

자연석 판석은 주로 화강암이나 점판암을 얇은 판모양의 자연스런 모양으로 가공한 것으로 색과 질감이 다양하며, 자연스런 분위기를 연출하기 위하여 사용하는 내구성이 높은 포장재이다. 판석은 일반적으로 모래나 모르타르 위에 놓지만 두께가 두껍고 큰 판석

자연석 판석 포장

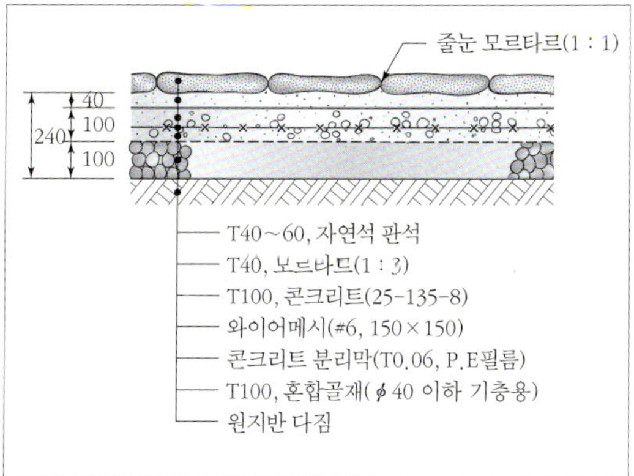

자연석 판석 포장 시공 단면

은 무겁기 때문에 흙 위에 바로 놓을 수 있다.

도구

고무망치, 흙손, 날칼, 석공용 망치, 수평계, 줄눈마감대

재료

자연석 판석, 모래, 모르타르

절단 및 맞추기

① 자연석 판석은 형태가 불규칙하므로 가능한 한 판석의 크기와 형태를 고려하여 적절히 배치하고, 필요하다면 절단한다.

② 판석을 절단할 때는 우선 절단할 부위에 연필이나 백묵으로 선을 그은 후 날칼로 홈을 낸다.

③ 그 다음 나무를 대어 판석의 밑을 받친 후 절단 부위를 큰 망치나 해머로 충격을 가해 절단한다. 이때 작업자는 반드시 보호안경과 장갑을 착용해야 한다.

모래 위에 판석 설치

모래나 흙 위에 자연석 판석을 까는 것은 가장 쉬운 방법인데, 이때 판석은 자중에 따라 쉽게 움직이지 않는 것을 사용해야 한다. 옆의 단면도에서 콘크리트 층을 설치하지 않고 모르타르 대신 모래를 사용하는 것이 이 방법이다.

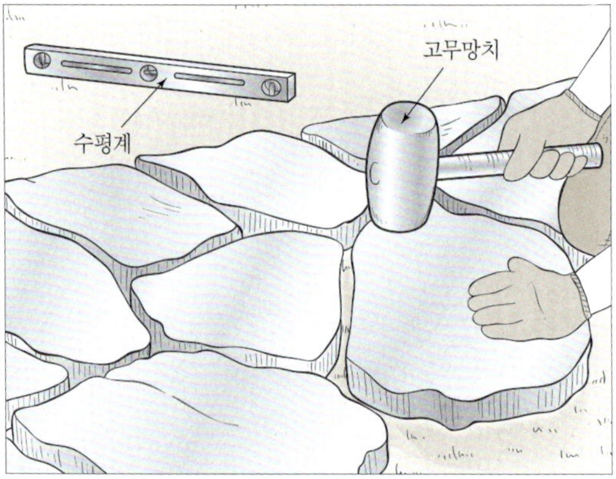

모래 위에 판석 고정

●판석 놓기

① 판석의 바닥 형태를 고려하여 흙을 적절히 더하거나 빼 판석이 흔들리지 않고 수평을 유지하도록 고무망치로 두들겨가면서 고정한다.

●잔디 및 초화류 심기

① 판석과 판석 사이에 잔디나 자연식생을 식재하면 자연스러운 분위기를 연출할 수 있다.

모르타르 위에 판석 깔기

모르타르를 이용해 판석을 붙이기 위해서는 10cm 정도의 1:3:6의 콘크리트 기초가 필요하다. 이 방법은 흙이나 모래 위에 판석을 까는 것보다 튼튼하지만 시공이 어렵고 번거롭다. 아울러 판석이 다공질이라면 모르타르의 수분을 판석이 흡수하지 않게 작업 전에 충분히 적셔 두어야 한다.

●모르타르 포설

① 판석을 깔 곳에 1:3:6의 모르타르를 판석 1~2장 정도의 넓이에 4cm 정도의 두께로 1:3:6의 비율로 포설하고 그 위에 판석을 설치한다.

●판석 설치

① 모르타르의 양을 더하거나 빼서 적절한 양으로 조절한 후, 그 위에 판석을 놓고 모르타르와 판석이 잘 밀착되고 수평이 유지될 수 있게 고무망치를 이용하여 두드린다.

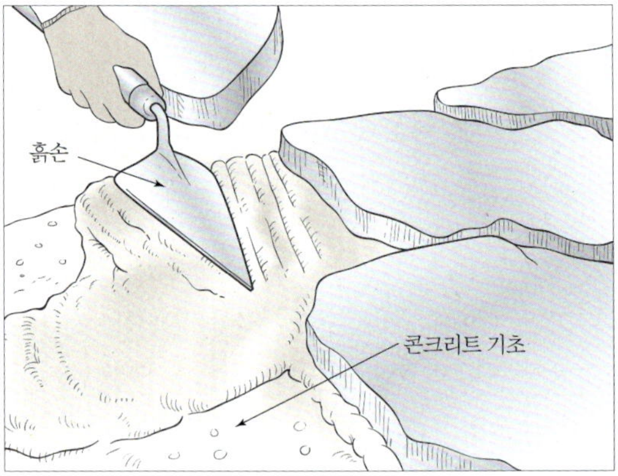

모르타르 위에 판석 설치

② 판석을 깔았을 때 가급적 십(+)자줄눈은 피하고, Y자줄눈이 되게 한다.

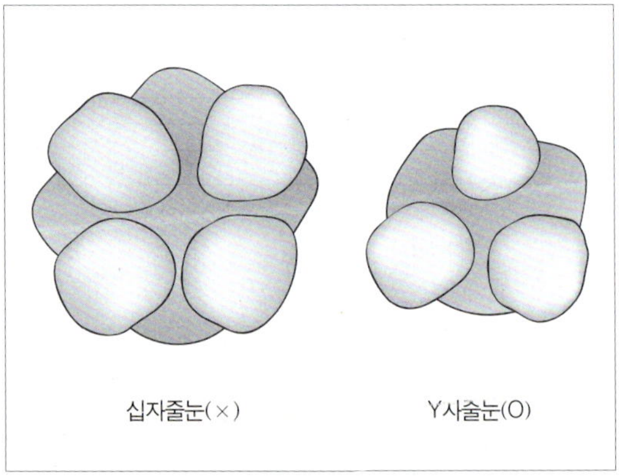

줄눈

자연석 판석 포장

● 줄눈 설치 및 양생하기

① 2~3일 후 모르타르가 충분히 굳었다면, 흙손과 줄눈마감대를 이용하여 방수모르타르(1 : 2 = 시멘트 : 모래)를 줄눈 사이에 충진한다.

② 줄눈 시공 후 수분을 유지하기 위해 비닐을 하루 정도 덮어두고, 7일 이내에는 충격을 받지 않게 주의해야 한다.

● 이물질 제거 및 청소

만약 포장면에 모르타르가 지저분하게 남았다면 브러시에 10% 염산용액을 묻혀서 깨끗이 닦아내고 물로 씻어내도록 한다. 이때는 보호장갑과 보호안경을 착용해야 한다.

주의사항

① 자연석 판석은 끝단의 두께가 너무 얇지 않은 것을 사용해야 한다. 만약 얇은 판석을 사용하면 시공 후 사람들이 보행할 때 주는 압력이나 작은 충격에도 쉽게 깨질 수 있다.

판석 포장

판석은 모양대로 놓는데, 숙달된 경험이 없는 사람은 미리 놓는 연습을 하고 시공하는 것이 좋다. 일반적으로 큰 것부터 놓고 그 사이사이에 작은 것을 놓으면 자연스러운 분위기를 연출할 수 있어 좋다.

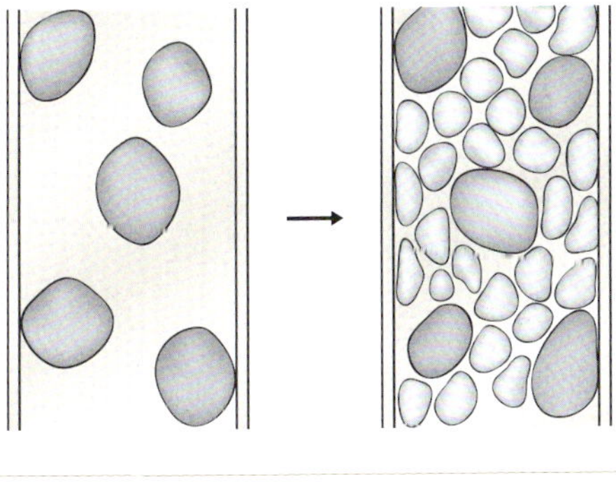

자연석 디딤돌 놓기

자연석 디딤돌을 넓은 잔디밭에 산책로의 동선에 맞추어 놓게 되면 자연스러운 분위기와 리듬감을 연출할 수 있어 좋다. 시공이 쉽고 간단해서 간편하게 정원에 산책로를 만들 수 있다.

도구

고무망치, 날칼, 석공용 망치, 수평계, 삽

재료

자연석 디딤돌

디딤돌의 배치패턴 결정

① 정원용 디딤돌은 윗면이 편평하고 석질이 단단한

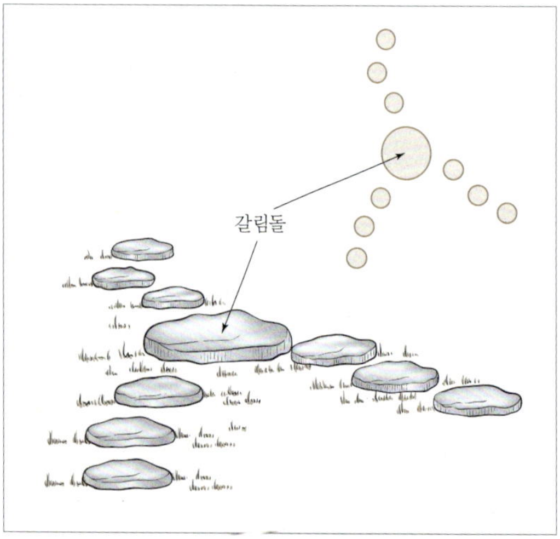

갈림돌

것으로 크기는 30~40cm 정도가 적당하며, 시작과 끝 부분, 동선이 갈라지는 부분은 50cm 정도의 큰 것을 갈림돌로 사용한다.

② 디딤돌의 배치패턴에는 다양한 방식이 있으므로 배치법을 참조하여 결정한다.

③ 산책로의 배치노선을 따라 주축을 설정하고, 이 주축 방향으로 직선 또는 곡선으로 배치하거나 축의 방향에서 지그재그 형태로 2연석, 3연석, 2·3연석, 3·4연석 놓기를 기본으로 하여 배치한다.

④ 각각의 디딤돌은 가장 긴 쪽이 진행 방향에 직각이 되도록 설치한다.

⑤ 디딤돌 중심의 배치 간격은 일반적으로 30~50cm로 하며, 돌과 돌 사이의 간격을 8~10cm 정도로 잡는다.

⑥ 가급적 양발이 각각의 디딤돌을 교대로 디딜 수 있게 배치한다.

디딤돌 놓기

① 디딤돌의 바닥 형태를 고려하여 터파기를 하고 흙을 적절히 더하거나 빼거나 굄돌을 놓아 디딤돌이 흔들리지 않고 수평을 유지하도록 두들겨가며 고정한다.

② 디딤돌의 크기가 30cm 내외일 때는 지면보다 3cm 정도 높게 배치하고, 50~60cm일 때는 6cm 정도 높

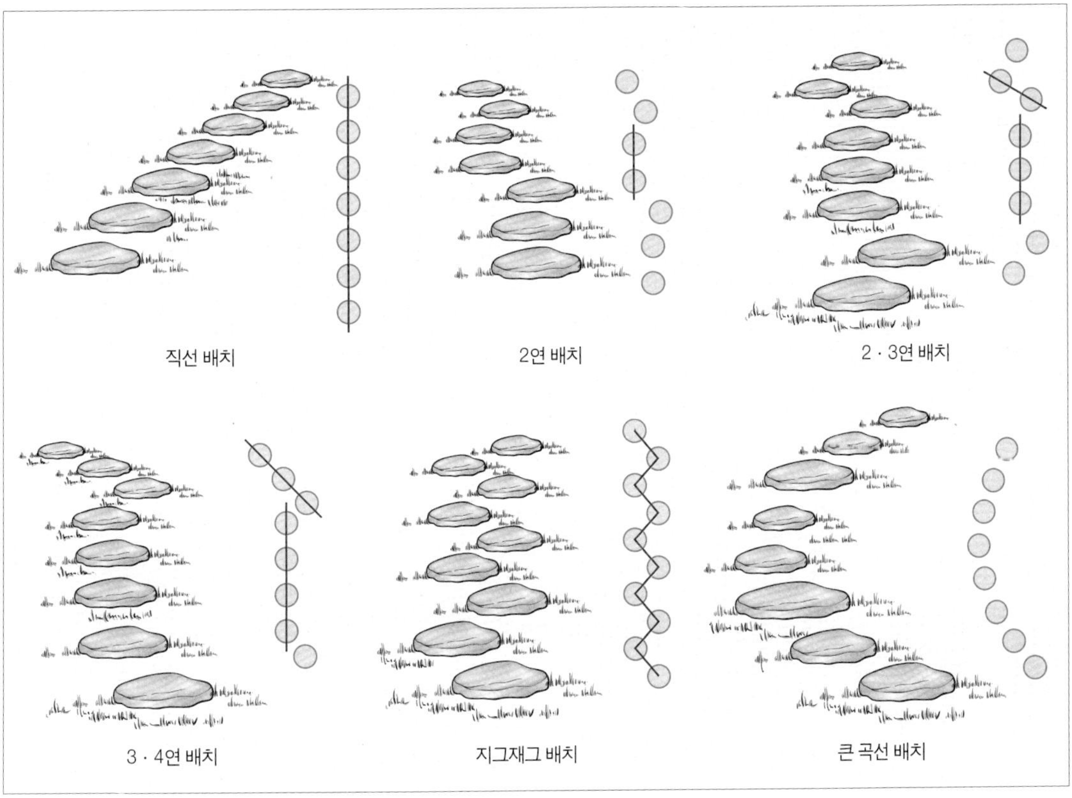

산책로 디딤돌 배치법

게 설치한다.

③ 디딤돌 주위를 흙으로 채우고 다짐봉으로 단단히 다져 움직이지 않게 한다.

잔디 및 초화류 심기

① 디딤돌 사이에 잔디나 초화류를 식재하면 자연스러운 분위기를 연출할 수 있다.

② 잔디를 디딤돌 사이의 간격보다 조금 작게 절단하여 디딤돌의 높이에 맞추어 심으면 좋다.

③ 초화류는 종자를 파종하거나 자연스럽게 야생종자를 번식시켜 기를 수 있다.

주의사항

① 디딤돌은 무거우므로 운반 및 설치할 때에는 무리하여 작업하지 말고 안전에 유의한다.

② 같은 장소에 종류가 다른 디딤돌은 사용하지 않는다.

타일 포장

석재 타일이나 화강석 타일은 시각 효과가 뛰어나며 대체적으로 값이 비싼 재료이다. 외부공간에 사용하는 타일은 사람이 미끄러지지 않도록 표면이 거칠고, 눈부심이 적은 것을 사용해야 한다. 대부분의 타일은 두께가 얇고 가벼우므로 반드시 튼튼한 콘크리트 기초가 필요하다.

타일 포장

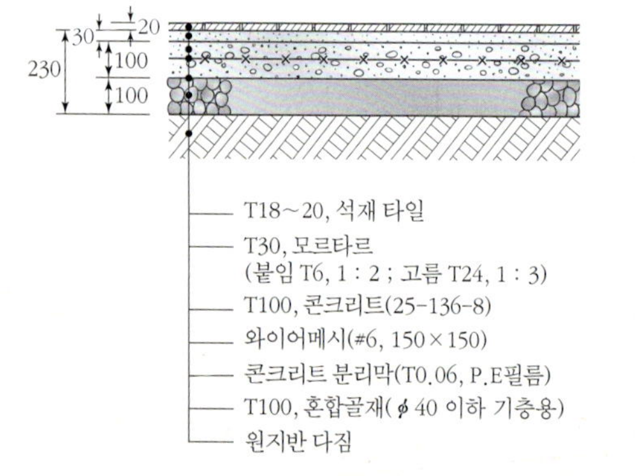

타일 포장 시공 단면

도구

스크래처, 고무망치, 흙손, 수평계, 삽 또는 레이크, 긴 막대

재료

석재 타일, 화강석 타일, 모르타르, 콘크리트

마른 모르타르 위에 타일 깔기

● 정지작업

① 터파기를 하고 정지작업을 한 후 지반을 다진다.

② 포장할 지역을 표시하고 경계를 만든다.

● 모르타르 포설 및 고르기

① 삽이나 레이크를 이용해 물이 없는 상태로 모래와 시멘트를 고르게 혼합하여 마른 모르타르를 만든다.

② 마른 모르타르를 포장할 지역에 $10m^2$ 정도 넓이로 포설하고 다진 다음 긴 막대로 평탄하게 표면을 고른 후, 여기에 삽을 이용해서 시멘트 반 포대 정도를 고르게 뿌린다.

● 타일 설치

티일은 줄눈 간격을 1cm 정도로 하여 수평이 되도록 설치하며 고무망치를 이용하여 두드려 고정한다.

타일 설치

● 물 뿌리기

마른 모르타르가 젖을 때까지 포장면에 가늘게 물을 뿌린다. 이때 모르타르가 줄눈으로 빠져나오지 않게 주의한다.

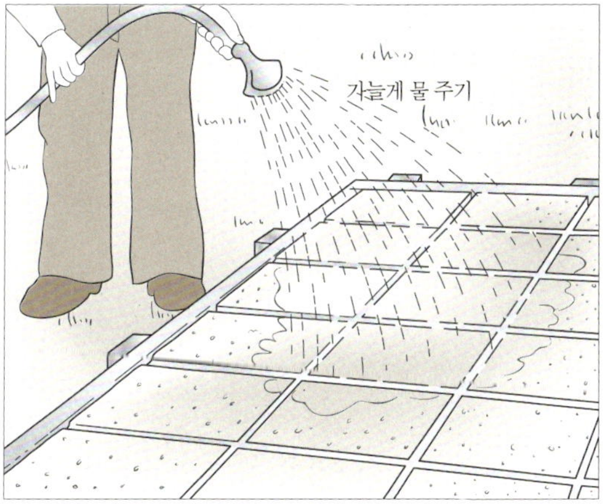

타일 위에 물 뿌리기

● 줄눈 설치

① 하루 정도 지난 후, 줄눈마감대를 이용하여 방수모르타르(1 : 2)를 줄눈에 충진한다.

② 줄눈을 시공한 후 수분을 유지하기 위해 비닐을 하루 정도 덮어 두고, 7일 이내에는 충격을 받지 않게 한다.

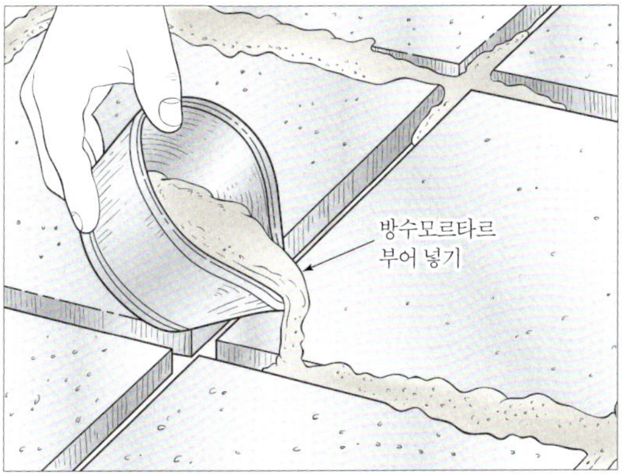

줄눈 채우기

● 이물질 제거 및 청소

만약 포장면에 모르타르가 지저분하게 남았다면, 브러시에 10% 염산용액을 묻혀서 깨끗이 닦아내고, 물로 씻어낸다. 이때 보호장갑과 보호안경을 반드시 착용해야 한다.

모르타르 위에 타일 깔기

모르타르 위에 타일을 깔 때는 점토벽돌 포장과 같은

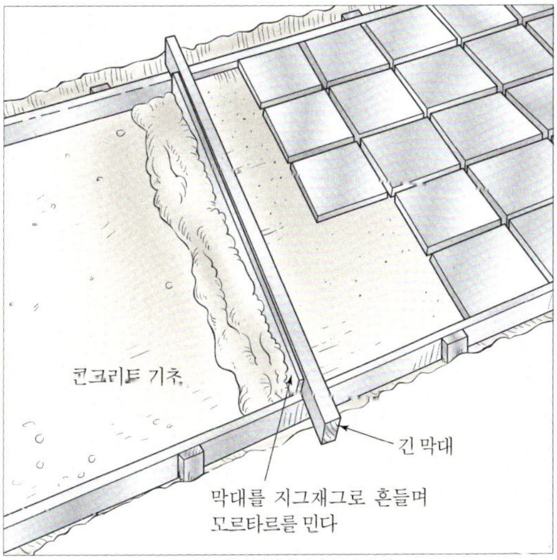

모르타르 위에 타일 깔기

방법으로 시공한다. 단, 타일은 상대적으로 다른 재료에 비해 자중이 적기 때문에 쉽게 표면에서 움직여 떨어져나갈 가능성이 높으므로 접착강도가 높은 타일접착용 모르타르를 사용하는 것이 좋다.

☞ 주의사항

① 시공 중 타일의 절단작업을 줄일 수 있게, 가능하다면 타일의 규격에 맞도록 포장로의 폭을 결정해야 한다.

② 타일의 줄눈에 수분이 침투하면 겨울철 동결에 의해 표면이 들뜨거나 망가질 수 있으므로 줄눈에는 방수모르타르를 사용하는 것이 좋다.

담

우리가 생활하는 환경을 둘러보면 많은 담과 벽으로 둘러쳐져 있는 것을 알게 된다. 담과 벽은 공간을 구획하는 수직적인 면적요소로서 시각적으로 두드러지는 요소이다. 담牆은 집터 등의 경계선에 설치되는 연속된 벽으로, 울 · 울타리 · 담장이라고도 부른다. 담은 외부에서 침투하는 시야 · 바람 · 소리를 차단하고 경계를 표시하며, 공간감을 형성할 수 있게 해준다. 외형적으로 주변 건물이나 환경과 조화를 이루어야 하고, 내구성 및 경제성이 있어야 한다.

반면 벽壁은 건물 내부와 외부를 구분하고 건물 내부공간을 사용 목적에 따라 분할하기 위해 이용하는 고정된 칸막이의 총칭으로 건물 주위의 것을 바깥벽, 건물 내부의 것을 칸막이벽이라 한다.

이와 같이 담은 외부공간에서 경계를 구분하고 성격이 다른 공간을 나누는 역할을 하는 반면, 벽은 건물의 구성요소인 동시에 구조요소로서의 성격이 강하다는 점에서 다소 차이가 있다. 그러나 현대에 들어오면서 벽은 단순히 건물의 벽으로서의 기능요소뿐만이 아니라, 공간요소로서 상징성을 갖는 경우가 많아지고 있으며, 담도 울타리 같은 작고 일정한 틀에 짜인 것을 의미하기보다는 외부공간에서 구조적 속성을 갖는 요소로서 그 의미가 확대되고 있다.

담과 벽은 구조적으로는 넓은 수직면을 가지므로 풍압에 견딜 수 있어야 하고 상부하중에 의한 침하에 대해서도 저항력이 있어야 하며, 규모가 크므로 시공에 많은 비용과 시간이 요구되므로 시공 시 전문가 도움이 필요하다.

기초 설치

담은 하중이 크게 작용하는 구조물이므로 기초는 담의 구조적 안정 여부를 결정짓는 중요한 요소이다. 안정된 담을 만들기 위해서는 콘크리트 기초가 필요한데 기초의 폭은 보통 담 두께의 2배 정도이며, 기초의 두께는 15cm 이상으로 한다.

만약 지하의 토질 상태가 불안정하거나 물이 나오는 경우에는 흙을 바꾸어 넣거나 물을 배수하기 위해 별도로 자갈배수층을 설치해야 하며, 경우에 따라서는 불안정한 지반을 보강하기 위해 보강 기초를 설치해야 한다.

콘크리트 기초의 상부는 수평을 이루도록 만들어야 하며, 여기에 벽돌 · 블록 · 돌을 쌓아 담을 만든다. 그러나 규모가 작은 콘크리트 담은 한 번에 기초와 담을 동시에 설치할 수 있다.

도구

삽, 톱, 망치, 다짐기, 긴 막대, 수평규준틀, 끈

재료

합판이나 목재, 자갈 또는 골재, 콘크리트, 이형철근, 거적 또는 가마니

터파기

① 수평규준틀을 설치해 터파기할 곳을 표시한다.

② 작업에 지장을 줄 만한 수목을 이식하고 그 외의 장애물을 제거한 후 터파기를 한다.

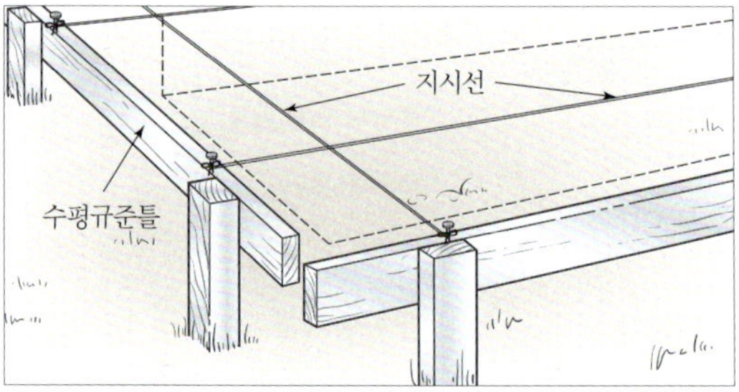

수평규준틀 설치

다짐 및 자갈배수층 설치

터파기한 지반을 다지고 필요하다면 자갈이나 골재를 포설해 구조적으로 튼튼하고 배수도 가능하게 한다.

자갈배수층 설치

거푸집 설치

● 간이 거푸집형

터파기의 양쪽 사면을 그대로 이용하고 기초의 상단에 목재를 설치하면 간단히 거푸집을 설치할 수 있다.

이 방법은 비용 및 시간 절감을 위해 매우 효과적이지만 터파기 사면의 형태에 따라 콘크리트 기초가 변형될 수 있으므로 주의해야 한다.

간이 거푸집 설치

● 일반형

합판과 목재를 사용하여 기초 설치를 위한 거푸집을 설치한다. 거푸집 설치 후 내면에 오일 등 박리제를 칠하면 거푸집을 쉽게 해체할 수 있다.

일반 거푸집 설치

콘크리트 치기 및 다짐

① 거푸집에 적정한 양의 콘크리트를 치고 빈틈을 제거하기 위해 삽을 이용해 위아래로 다진다.

② 긴 막대를 사용하여 기초콘크리트 윗면을 평활하게 만든다.

③ 거친 비를 이용하여 표면을 쓸어 거칠게 마감하여 상부 모르타르와 잘 접착되게 한다.

콘크리트 치기

양생

콘크리트를 친 후 제대로 굳도록 3일 동안 거적이나 가마니를 덮고 하루에 수차례 호스를 이용해 살살 물을 뿌려 수분을 유지시켜준다.

콘크리트 양생

주의사항

① 현장에서 콘크리트 손비빔을 할 때는 물을 적당히 가하여 충분히 비벼야 한다.

② 사용하는 물과 골재는 깨끗하고, 시멘트는 출고 후 오랜 시간 경과되어 품질이 변질되거나 풍화되지 않은 것을 사용해야 한다.

③ 거푸집을 제거한 후 끝단이나 돌출부를 깨끗이 다듬어야 한다.

④ 콘크리트 포장 작업이 끝난 후에는 주위의 콘크리트 잔존물이나 쓰레기를 치우는 등 주변을 깨끗이 정리한다.

콘크리트 담

콘크리트 담

콘크리트는 구조적 성능이 뛰어나 거푸집을 이용하여 다양한 형태와 패턴을 연출할 수 있는, 경제적인 재료이다. 그러나 콘크리트의 품질을 적절히 유지하기 어렵고 작업을 위해서는 많은 인력이 필요하다.

콘크리트 담

노출콘크리트 담

콘크리트 표면에 일정한 문양이나 패턴을 주어 노출함으로써 시각적 효과를 높인 콘크리트 담이다. 콘크리트를 만들기 위해 설치하였던 폼타이*form-tie* 자국이 드러나게 하거나 거푸집 자국이 콘크리트 표면에 남게 할 수 있다. 어느 경우이든 거푸집이 콘크리트의 형태를 결정하게 되므로 거푸집을 제작할 때 주의가 필요하다.

노출콘크리트 담

도구

삽, 흙손, 자막대기, 수평계

재료

레미콘, 모래 및 자갈(골재), 시멘트, 이형철근, 와이어메시, 거푸집용 목재, 못, 박리제

콘크리트 입수

콘크리트는 주로 레미콘이나 현장비빔 콘크리트를 사

용하는데, 레미콘을 사용하면 비용·품질·시간 등 여러 가지 점에서 효율적이나, 보통 $3m^3$ 이상의 콘크리트작업에 적용이 가능하다. 아울러 레미콘을 운반하기 위해서는 차량 진입로와 운반도구가 준비되어야 한다. 레미콘은 KS인증을 받은 레미콘 공장에서 생산된 적절한 강도와 슬럼프 값의 것을 사용하고, 공장에서 출고된 지 2시간 이상 경과한 것을 사용해서는 안 된다.

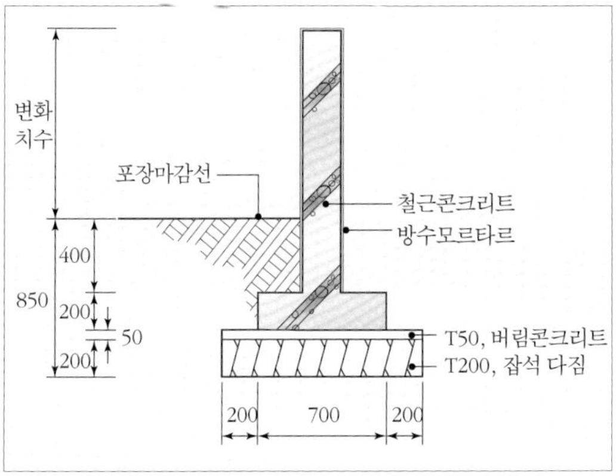

콘크리트 담 시공 단면

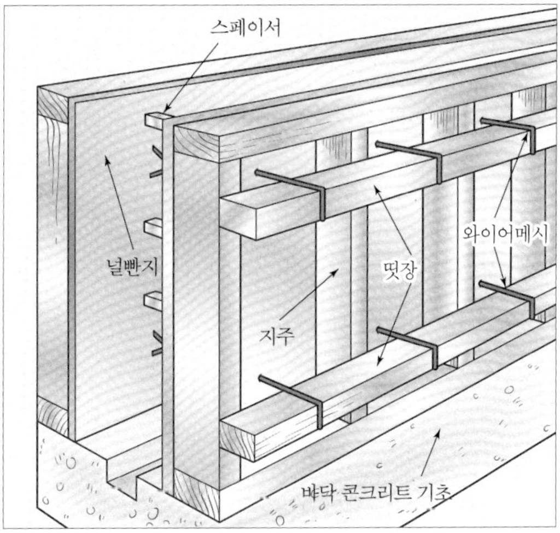

거푸집 제작

거푸집 제작 및 설치

① 거푸집은 적당한 지주, 띳장, 맬목, 와이어메시, 볼트, 세퍼레이터, 스페이서 등을 사용하여 만들고자 하는 담의 형태와 합치되도록 조립한다.

② 콘크리트를 부어 넣을 때 거푸집이 이동하지 않게 잘 고정해야 하고, 시멘트풀이나 모르타르가 이음 부분에서 새지 않도록 긴밀하게 조립해야 한다.

③ 콘크리트가 거푸집에 부착되는 것을 방지하기 위하여 거푸집 안쪽에 박리제를 바른다.

손비빔

현장에서 손비빔을 할 때에는 풍화되지 않은 시멘트, 염분이나 유기물을 포함하지 않는 깨끗한 골재, 음용이 가능할 정도로 깨끗한 물을 사용해 배합하는데, 배합비〔시멘트 : 잔골재(모래) : 굵은 골재(자갈)〕는 1 : 2 : 4나 1 : 3 : 6 등 적절한 비율로 배합하여 사용한다. 콘크리트는 물과 시멘트가 수화작용을 하면서 모래와 자갈이 일체되어 굳으므로 구성요소가 잘 혼합되도록 충분히 비벼주는 것이 좋다. 보통은 삽을 이용하여 비비는데, 목재나 철판 위에 모래를 깔고 시멘트를 더하여 골고루 섞은 다음 자갈을 섞어 재차 충분히 비빈 후 여기에 물을 더해가면서 신속하고 충분하게 비벼준다. 만약 쉽게 비비기 위해 물을 과다하게 넣거나 불충분하게 비빈 경우에는 콘크리트 강도에 심각한 문제가 발생한다.

콘크리트 부어 넣기

① 기초 위에 거푸집을 설치하고 이형철근이 기초의 홈에 설치되도록 하여 상부 콘크리트 담과 기초를 긴밀히 결합한다.

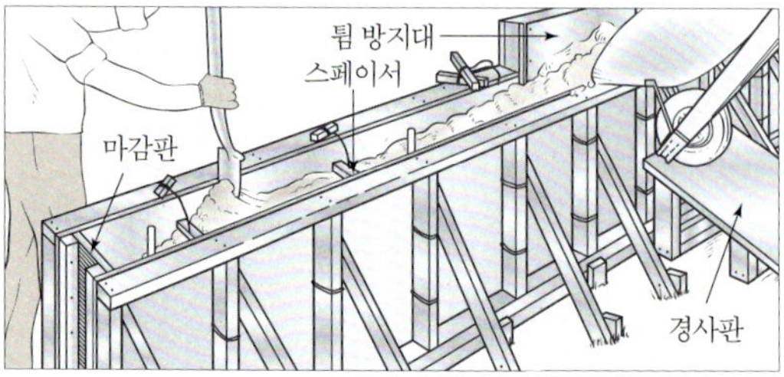

콘크리트 부어 넣기

② 콘크리트를 원하는 두께로 여러 층으로 나누어 부어 넣고 다져가면서 원하는 높이로 콘크리트를 마감한다. 이때 자막대기나 나무흙손을 이용하여 면을 고른다.

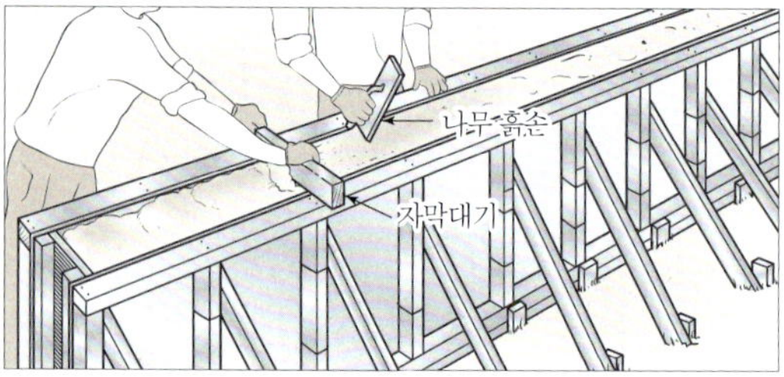

콘크리트 마감

양생

① 콘크리트를 부어 넣고 3일 이상 거적이나 가마니를 덮어 기초 설치 때와 마찬가지로 굳혀야 한다.

② 콘크리트가 다 굳으면, 거푸집을 해체하고 이물질을 제거하여 콘크리트 담을 완성한다.

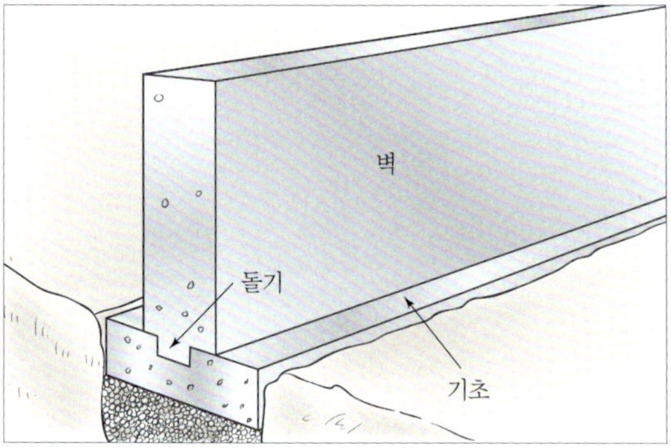

거푸집 해체

주의사항

① 콘크리트를 부어 넣는 과정에서 거푸집이 과도하게 압력을 받아 배불러지지 않도록 튼튼하게 고정하고, 콘크리트를 서서히 타설한다.

② 콘크리트 내부의 빈 공간을 없애기 위해 콘크리트 타설 후에는 쇠막대로 충분히 다짐해야 한다.

시멘트의 풍화

시멘트를 대기 중에 보관하면 시멘트가 대기 중의 수분이나 이산화탄소를 흡수하여 수화반응과 산화반응을 일으켜 굳어짐으로써 품질이 저하되는 현상을 시멘트의 풍화라 한다. 보통 1개월에 15%, 3개월에 30%, 1년에 50%의 강도가 감소되므로 가급적 오랜 시간 동안 보관한 시멘트는 사용하지 않는 것이 좋다.

벽돌 담

벽돌 담

벽돌은 쉽게 구입할 수 있는 친숙한 재료이다. 벽돌을 쌓는 작업은 큰 힘을 들이지 않고 할 수 있으나, 수평 및 수직을 유지하고 구조적인 담을 만들기 위해서는 숙련된 작업이 요구되므로 때로는 전문가의 도움이 필요하다.

벽돌 담

도구

흙손, 수평계, 수직규준틀, 삽, 톱, 망치, 백묵 또는 연필, 줄눈대, 자막대기, 브러시

재료

벽돌, 쌓기용 모르타르, 줄눈용 모르타르, 충신용 모르타르, 콘크리트

벽돌 구매

벽돌에는 다양한 종류가 있으나 담을 쌓는 데에는 주

벽돌의 종류

로 붉은 벽돌(190×90×57mm)을 사용한다. 최근에는 벽돌의 형태, 색, 질감이 다양해지고 있어 필요한 벽돌의 종류와 양을 결정하기 위해서는 사전에 벽돌 판매업자와 충분히 협의해야 한다.

벽돌 쌓기 형태

벽돌을 놓는 형태는 길이 놓기와 마구리 놓기로 크게 분류되는데, 다시 나라별로 특성화되어 보통 영국식 쌓기, 네덜란드식 쌓기, 프랑스식 쌓기, 미국식 쌓기로 구분한다.

① 영국식 쌓기－마구리 쌓기와 길이 쌓기를 반복하여 서로 켜마다 어긋 쌓기 하며, 벽의 모서리나 끝에는 반절이나 이오토막(1/4토막)을 쓴다. 이 방법은 구조적으로 가장 튼튼한 쌓기방법이다.

② 네덜란드식 쌓기－영국식 쌓기와 거의 같으나 모서리 또는 벽 끝에서 반절을 쓰지 않고, 칠오토막(3/4토막)을 써서 길이 쌓기의 켜 다음에 마구리 쌓기를 하는 방법이다. 쌓기가 편리하며 모서리가 튼튼하여 우리나라에서 많이 사용하고 있다.

③ 프랑스식 쌓기－길이 쌓기와 마구리 쌓기가 한 켜에서 번갈아 나오는 쌓기방법으로, 통줄눈이 많이 생겨 덜 튼튼하지만 외관이 좋아 높은 강도를 요구하지 않는 벽에 사용된다.

④ 미국식 쌓기－뒷면은 영국식 쌓기를 하고 표면의 5켜까지는 길이 쌓기 하고 그 위의 한 켜는 마구리 쌓기로 뒷벽돌에 물려 쌓는다.

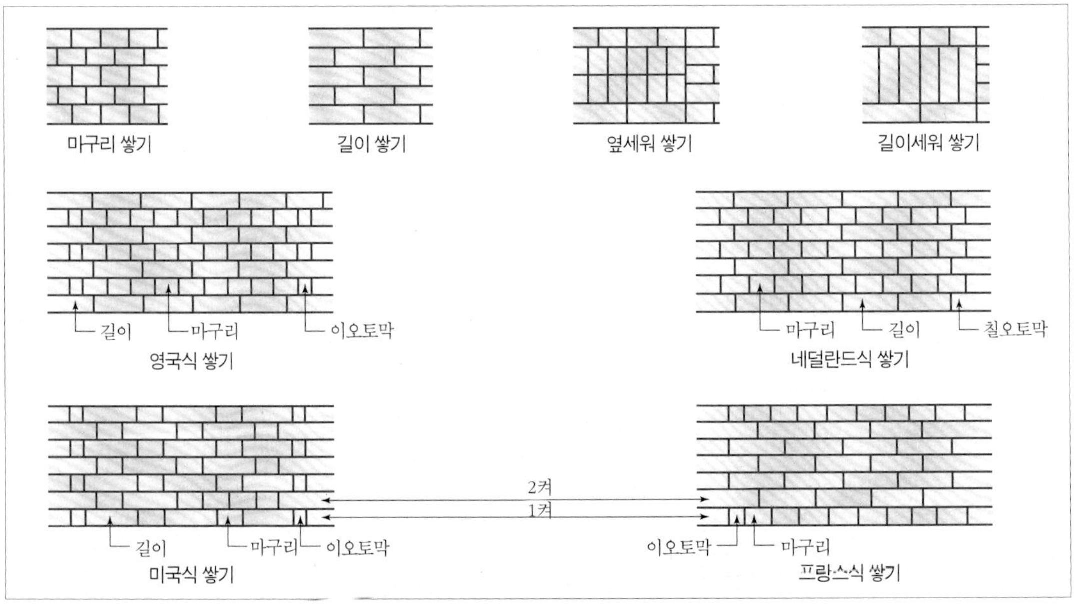

여러 가지 벽돌 쌓기

모르타르의 종류

모르타르는 벽돌을 견고하게 결속하거나 미관을 목적으로 사용되는데, 용도에 따라 쌓기용 모르타르(1 : 2), 조적담을 충진하기 위한 충진용 모르타르(1 : 3), 줄눈을 마감하기 위한 줄눈용 모르타르(1 : 1) 등이 사용된다.

현장에서 시멘트와 모래를 혼합해 직접 만들어 사용할 수 있으나, 최근에는 미리 만들어진 모르타르가 판매되고 있으므로 이것을 사용하면 효율적인 시공이 가능하다. 아울러 벽돌의 구멍에 모르타르를 충진할 때 이형철근을 함께 삽입하면 담을 더욱 튼튼한 강화담으로 만들 수 있다.

벽돌 담 쌓기

벽돌을 쌓기 전에 콘크리트 기초를 설치해야 하며, 벽돌을 물로 축축하게 적신 다음 쌓고자 하는 곳에 적정량의 벽돌을 가져다 놓는다.

● 조적경계선 그리기

콘크리트 기초 위에 벽돌을 놓고 쌓고자 하는 위치를 백묵이나 연필을 이용해 표시한다.

● 벽돌 쌓기

① 벽돌의 조적선을 기준으로 모르타르를 골고루 편 후 벽돌의 첫째 단을 길이 방향으로 일렬로 쌓아나간다. 이때 벽돌이 수평을 유지하는지를 계속 검사해야 한다.

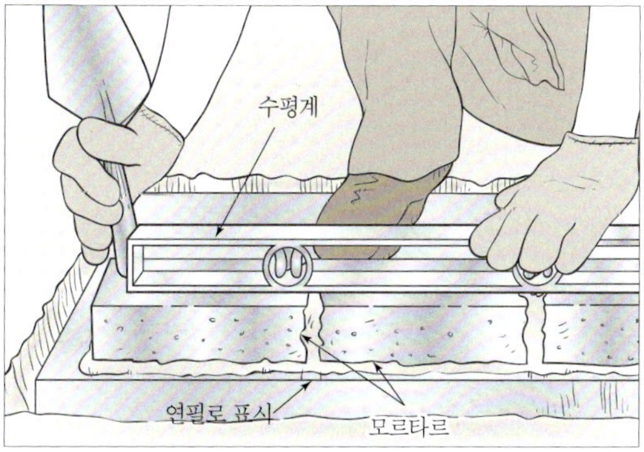

첫째 단 놓기

② 뒷줄의 벽돌을 길이 방향으로 쌓아나가면서 마찬가지로 수평을 검사한다. 이때 벽돌 두 열의 폭이 벽돌 한 장의 길이와 같게 한다.

③ 둘째 단을 마구리 쌓기 하기 위해 첫 번째 벽돌을

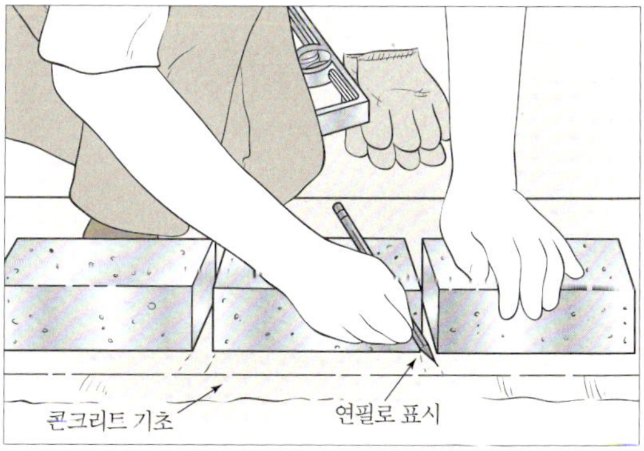

조적경계선 그리기

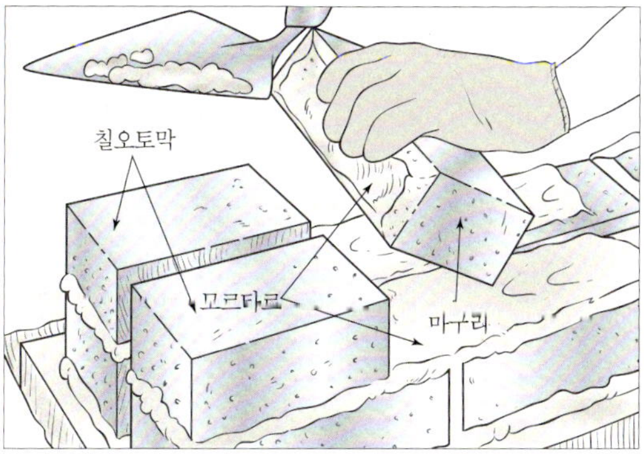

둘째 단 놓기

칠오토막 내어 길이로 쌓고, 두 번째 벽돌부터는 마구리 쌓기를 한다.

④ 셋째 단부터는 다시 길이 방향으로 쌓고, 담의 한쪽을 5단까지 계단형으로 쌓은 다음, 담의 반대편도 이와 같이 쌓는다.

벽의 끝 완성

⑤ 계단형으로 쌓은 양쪽 끝을 기준으로 양 끝단에 쌓고자 하는 벽돌의 모서리에 수직규준틀을 설치하고 벽돌을 쌓아 올린다.

벽돌의 조적

⑥ 마지막 단의 가운데 놓이는 벽돌은 모르타르를 좌우 및 하부에 바른 후 끼워 넣고 눌러 마감한다.

⑦ 담의 상단은 마감벽돌을 사용하거나 벽돌을 마구리 쌓기 해서 마감한다. 모르타르를 바르기 전에 미리 벽돌을 배치해보고 벽돌이 맞는지를 확인하고 마구리 길이가 남을 때는 벽돌 간격을 조정하거나 절단한다.

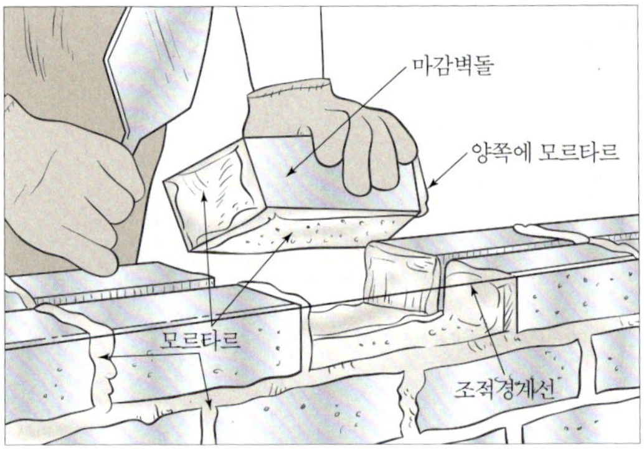

마감벽돌 쌓기

⑧ 담의 상단 바닥과 벽돌의 측면에 모르타르를 바르고 조금씩 눌러가면서 마구리 쌓기로 벽돌을 쌓아 마감한다.

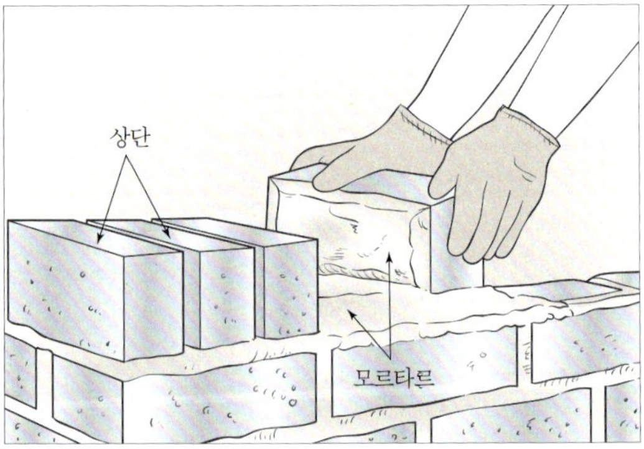

상단 쌓기

모서리담 만들기

① 직각삼각형의 정리를 응용하여 기초 위에 직각을 이루는 조적경계선을 표시한다.

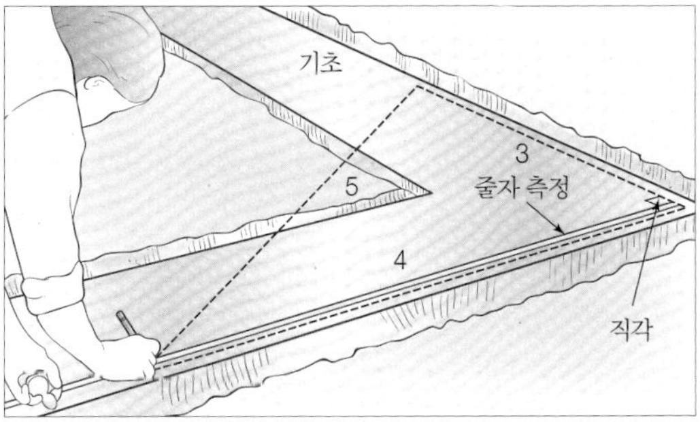

직각선 그리기

② 모르타르를 포설하고 모서리 부위에 첫 번째 벽돌을 설치하며 양쪽으로 두 개의 벽돌을 더 놓고 직선과 수평이 맞는지 확인한다.

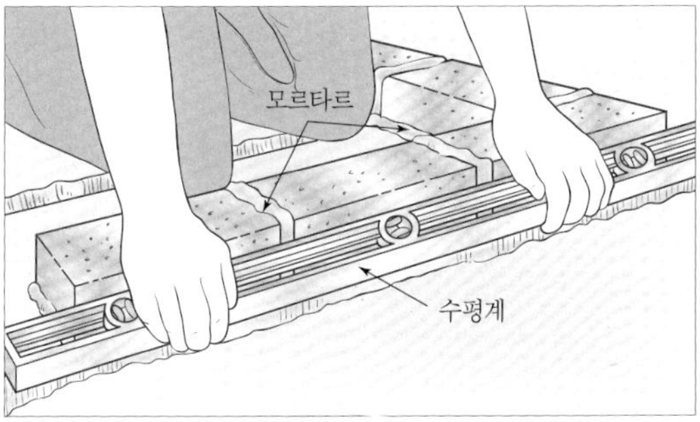

모서리 부위 벽돌 놓기

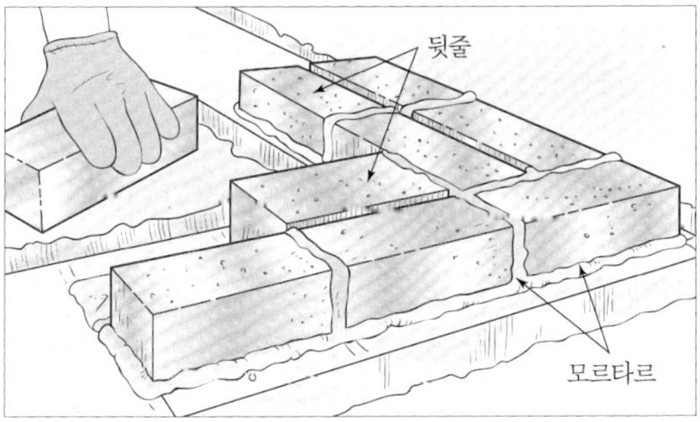

뒷줄 놓기

③ 2열 벽돌의 폭이 벽돌 한 장의 길이와 같게 뒷줄에 벽돌을 놓는다.

④ 둘째 단을 마구리 놓기 하여 쌓는다.

⑤ 셋째 단부터는 다시 길이 방향으로 쌓고, 각 단마다 길이 놓기, 마구리 놓기로 교대로 벽돌을 쌓아 올려 모서리담을 완성한다.

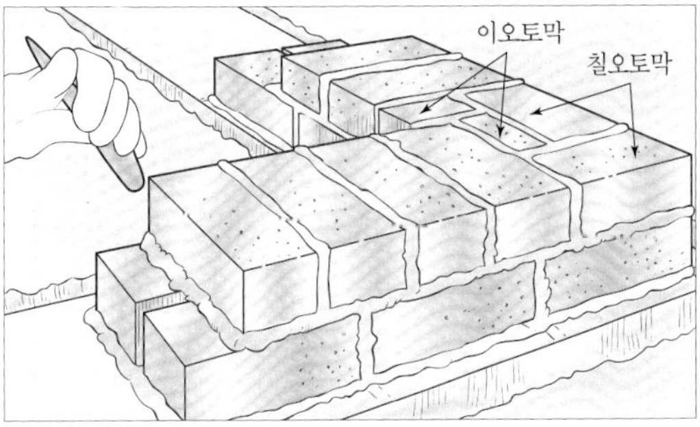

둘째 단 놓기

줄눈 설치

줄눈은 담의 구조 및 내구성에 영향을 준다. 줄눈을 만들기 위해서는 흙손, 나무조각, 줄눈대, 자막대기, 브러시 등 다양한 도구를 사용해야 한다.

일반적으로 줄눈은 벽돌 쌓기가 끝나고 만들지만, 작업량이 많을 때에는 일정시간 간격으로 벽돌 쌓기가 시행된 후 하기도 한다. 일반적으로 모르타르를 손가락으로 눌렀을 때 자국이 남는 정도에서 시행하는 것이 바람직하다. 만약 너무 이르게 줄눈작업을 하면 벽돌담의 안전에 영향을 미칠 수 있으며, 너무 늦게 작업하면 모르타르가 굳어 줄눈을 설치하기 어렵다. 우리나라같이 겨울에 동결되고 여름에 비가 오는 경우에는 오목줄눈, V홈줄눈, 빗줄눈을 만드는 것이 효과적이다.

● 줄눈의 종류

① 빗줄눈 – 줄눈을 경사지게 눌러서 만들므로 튼튼하고, 음영효과도 얻을 수 있다.

② 오목줄눈 – 가장 일반적인 줄눈으로 모르타르가 잘 다져지며 물을 쉽게 흘릴 수 있다.

③ 민줄눈 – 남는 줄눈 모르타르를 흙손으로 제거하여 만들므로 모르타르가 다져지지 않고 약하다.

④ 내민줄눈 – 벽돌을 쌓는 중에 눌려서 나온 모르타르를 그대로 이용하는 방법으로 자연스런 느낌을 주지만, 모르타르가 다져지지 않아 약하고 겨울철 동결에 의해 쉽게 손상될 수 있어 효과적이지 않다.

⑤ V홈줄눈 – 오목줄눈과 유사하며, V자형 줄눈대를 사용해 만든다.

⑥ 평줄눈 – 오목줄눈과 유사하며 평줄눈대를 사용해 만든다.

● 줄눈 설치

① 줄눈은 시공법이나 사용하는 재료에 따라 종류가 다양하므로 시공하려는 줄눈에 적당한 모르타르를 결정한다.

② 줄눈 홈을 채우거나 돌출된 모르타르를 깎아내 줄눈을 설치하는데, 수평줄눈을 먼저 만든 후에 수직줄눈을 만든다.

③ 줄눈 설치 후 표면에 남아 있는 지저분한 것들은 흙손이나 브러시를 이용해서 쓸어낸다.

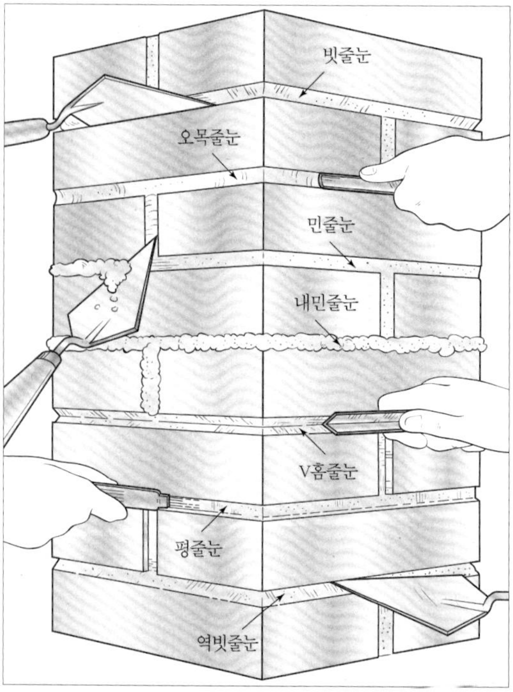

줄눈의 종류

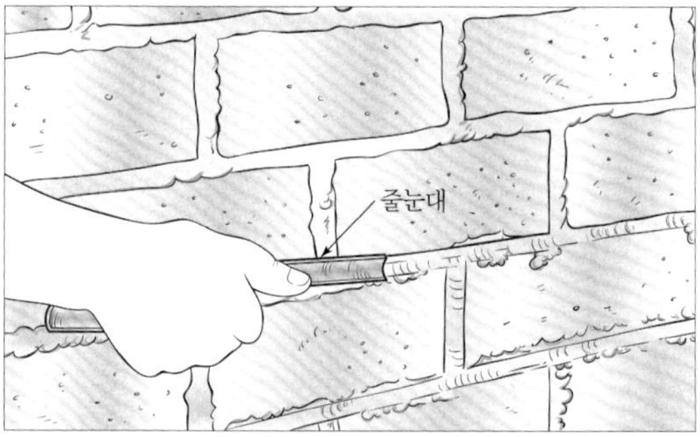

줄눈 넣기

브러시로 쓸기

주의사항

① 벽돌은 쌓기 2, 3일 전에 물을 충분히 흡수시켜 벽돌이 모르타르의 수분을 흡수하지 않도록 한다.

② 하루에 쌓을 수 있는 벽돌의 높이는 구조적 안정을 고려하여 1.2m(18켜) 이내로 한다.

③ 내화벽돌에는 물을 사용하지 않는다.

④ 벽돌나누기를 정확히 하되 토막벽돌이 생기지 않게 한다.

⑤ 모르타르의 강도는 벽돌의 강도 이상이어야 한다.

⑥ 굳기 시작한 모르타르는 절대로 사용하면 안 된다.

⑦ 모르타르가 굳기 전에는 쌓아 놓은 벽돌에 충격을 주지 않도록 한다.

⑧ 가로줄눈 및 세로줄눈의 너비는 10mm가 표준이며 통줄눈이 생기지 않게 한다.

⑨ 하루 작업이 끝날 때에 켜에 차이가 나면 층단 들여 쌓기 하고, 모서리 벽의 물림은 켜걸름 들여 쌓기 한다.

⑩ 담의 길이가 30m를 넘을 때는 20~30m 간격으로 신축줄눈을 두도록 한다.

시공줄눈과 신축줄눈

시공줄눈*construction joint* : 이미 경화된 콘크리트에 새로운 콘크리트를 이어 부어서 발생하는 줄눈으로, 기능상 필요해서가 아니라 시공상 어쩔 수 없이 발생하는 것이다. 시공줄눈이 생기면 강도가 약해지고 누수 발생의 원인이 되므로 가능한 한 콘크리트는 끊어 치지 않는 것이 좋다.

신축줄눈*expansion joint* : 구조물이 온도변화에 따른 팽창 · 수축 또는 부동침하 · 진동에 의한 균열 발생이 예상되는 부위에 구조물을 보호하기 위해 미리 설치하는 줄눈으로서, 담 · 벽 · 포장에 사용된다.

콘크리트 블록 담

콘크리트 블록을 이용하면 저렴한 가격으로 튼튼한 담을 쌓을 수 있다. 그러나 블록이 무거워 작업하기 힘들고 숙련된 기술이 필요하다.

콘크리트 블록 담

도구

조적용 장갑, 조적용 흙손, 수평계, 기준틀, 삽, 고무망치, 연필, 실, 추

재료

콘크리트 블록, 쌓기용 모르타르, 콘크리트

블록 담 쌓기

● 터파기 및 콘크리트 기초

① 블록 쌓을 곳을 표시하고, 길고 좁게 터파기를 하여 정지한 다음 콘크리트를 포설하여 기초를 만든다.

● 블록 담 쌓기

① 콘크리트 기초에 쌓을 블록의 크기를 고려하여 필요한 블록의 수량을 확인한다. 블록을 쌓을 때는 가급적 블록을 절단하지 않는 크기로 쌓는 것이 좋으며, 불가피하다면 깨끗하게 절단해 사용한다. 또한 블록에 붙은 흙이나 먼지를 제거하고 모르타르 접착면은 적당히 물로 축여 모르타르가 굳을 때 필요한 수분이 부족하지 않게 한다.

② 모서리부터 기초 위에 블록 세 장 길이로 약 5cm 두께의 모르타르를 깐 후에 첫째 단의 첫 번째 블록을 조심스럽게 놓고 두드려가면서 수평이 되도록 누른다. 그 다음, 두 번째 블록과 세 번째 블록을 수평이 유지되도록 놓는다. 이와 같은 방법으로 반대편 모서리에도 첫째 단 세 장의 블록을 쌓는다.

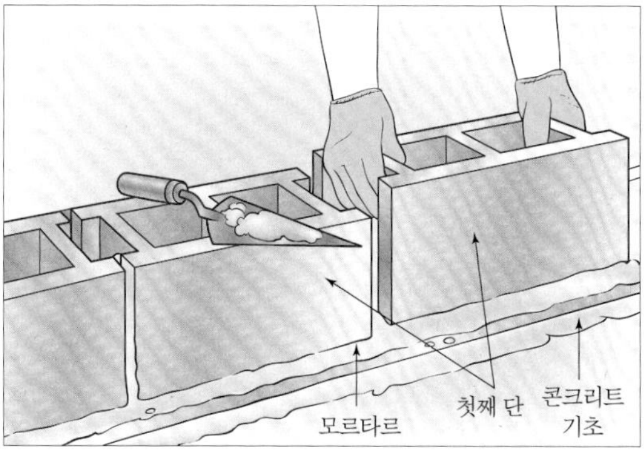

첫째 단 블록 놓기

마감 블록 끼워 놓기

③ 먼저 쌓은 모서리 블록을 기준으로 해서 조적경계선을 설치하고 모서리부터 차례로 쌓아가는데, 이때 조적경계선과 수직추를 이용하여 수평과 수직이 유지되는지를 확인하며 작업한다.

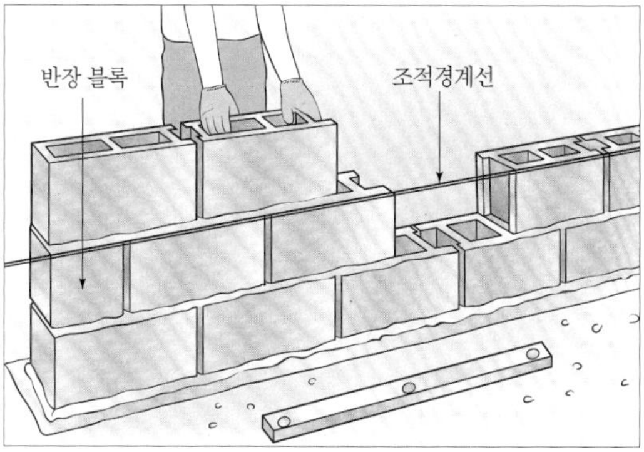

블록 쌓기

④ 마지막 단의 가운데에 놓이는 마감 블록은 여유 공간을 확인한 후 좌우 및 하부에 모르타르를 바르고 끼워 넣고 눌러 마감한다.

⑤ 남의 상단은 마감용 덮개 블록을 이용하여 마무리한다.

덮개 블록 놓기

주의사항

① 줄눈은 흙손이나 비를 사용하여 줄눈이 완전히 굳기 전에 줄눈 누르기를 하거나 줄눈 파기를 하고 여기에 치장줄눈을 발라서 깨끗이 마감한다.

② 하루에 쌓는 높이는 구조적 안정성을 고려하여 1.5m(블록 7켜 정도) 이내로 쌓는다.

③ 블록은 교대로 반장블록(1/2블록)을 사용하여 세로줄눈이 통줄눈이 되지 않도록 어긋나게 쌓아야 하며, 가로줄눈과 세로줄눈의 너비는 10mm로 한다.

옹벽

옹벽은 흙막이 구조물로서 자연사면을 깎아서 사면의 붕괴를 방지하고 공간을 확보할 목적으로 만드는데, 일반적으로 낮은 쪽의 지면에 옹벽을 만들고 그 배면에 흙을 쌓는다. 그러므로 옹벽은 배면의 토압과 수압에 잘 견뎌내고 배수가 가능한 구조로 만들어야 한다. 만약 주택이나 건물이 경사진 곳에 위치한다면 옹벽을 반드시 설치해야 한다.

석축

설치 전 주의사항

옹벽은 구조적 특성이나 종류가 다양하므로 사전에 공법에 대해 충분히 검토해야 한다. 보통 1m보다 낮은 옹벽이나 안정된 지반 위의 옹벽은 직접 제작이 가능하지만, 이보다 규모가 크거나 지반이 약해 시공하기 어려운 경우에는 반드시 조경가와 충분한 기술적인 검토를 거친 후에 시행해야 한다.

옹벽을 만들기 위해서는 견치돌, 야면석, 산석 콘크리트, 벽돌, 침목, 돌망태 등을 사용하는데 일반적으로 석축, 콘크리트 옹벽(중력식, 캔틸레버), 조립식 콘크리트 블록 옹벽, 침목 옹벽이 널리 시공되고 있다.

견치돌, 야면석, 산석을 사용하여 쌓는 석축은 시공을 위해서 많은 노력과 숙련된 기술이 요구되는데, 모르타르의 사용 여부에 따라 찰쌓기와 메쌓기로 구분된다. 찰쌓기는 비교적 쌓기가 쉽고 간편하지만 석축의 배면에서 나오는 물을 배수하기 위한 배수구를 별도로 설치해야 하며, 메쌓기는 돌과 돌 사이의 간극으로 물이 잘 배수되므로 배수의 염려는 없으나 숙련된 기술이 요구된다.

도구

수평계, 돌망치, 해머

재료

견치돌, 야면석, 깬돌, 모르타르, 잡석, 콘크리트, PVC관

작업준비

돌을 쌓기 전에 필요한 만큼의 돌을 운반해 놓는다. 쌓을 때 가장 큰 돌을 사용해 기초를 삼고 위로 올라가면서 점점 크기를 작게 해야 구조적으로 안전하다. 또 돌과 돌 사이의 빈 공간에 긴 돌을 끼워 넣으면 돌들을 서로 결속시키는 효과를 얻을 수 있다.

메쌓기

메쌓기 축석은 미관 효과는 좋으나 돌의 접촉 부위를 다듬어 접합하고 밑을 받쳐주어야 하므로 찰쌓기보다 많은 노력과 기술이 요구된다. 돌의 무게와 마찰력으

메쌓기

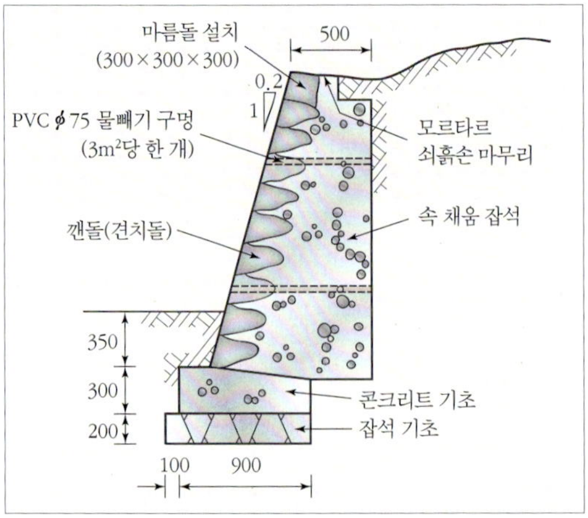

메쌓기 시공 단면

로 지탱되므로 높이는 1~2m 이내가 좋다.

● 첫째 단 쌓기

기초 위에 메쌓기해야 할 공간의 제일 끝에서부터 긴 돌을 놓고 외부 노출면을 따라 돌을 배치하며, 돌과 돌 사이의 공간은 자갈로 다짐하여 채운다.

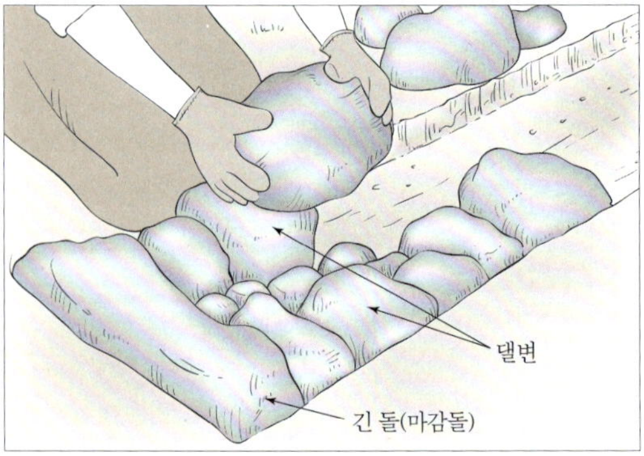

첫째 단 쌓기

● 둘째 단 쌓기

① 첫째 단 위에 돌의 모양을 보아가면서 돌의 접촉면이 안정되게 고정될 수 있도록 돌을 쌓는다.

② 첫째 단과 마찬가지로 돌과 돌 사이의 빈 공간에는 자갈을 채워 다진다.

③ 첫째 단의 수직줄눈과 일치되지 않도록 주의해야 하며, 안쪽으로 4~5% 정도 기울여 쌓아야 한다.

● 돌의 고정

위와 같은 방법으로 계속해서 돌을 쌓는데 1m² 당 두세 개 정도의 긴 돌을 사용하여 돌의 결속을 강화해야 하며, 외부 노출면의 돌과 돌 사이의 빈 공간에 작은 돌을 채워 넣고 해머 등으로 가볍게 두드려 고정을 하면 석축의 안정에 도움이 된다.

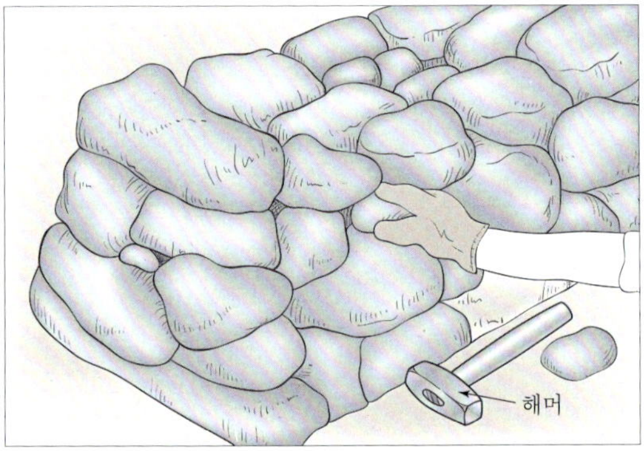

돌의 고정

● 상부 설치

석축의 상부는 넓고 평평한 돌을 사용하여 평평하게 마감하는 것이 좋다.

찰쌓기

찰쌓기는 쌓아올릴 때 줄눈에 모르타르를 사용하는 방법으로 돌 쌓기가 쉽고 간편하지만, 시각 효과는 다소 낮다. 축석 시 돌을 많이 사용하면 모르타르 사용량이 줄어드는데 둥근 돌일수록 모르타르 소요량이

찰쌓기

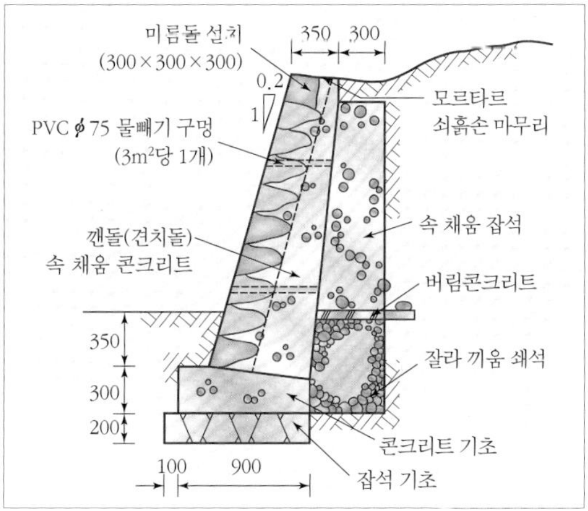

찰쌓기 시공 단면

많다.

● 돌 준비

축석에 사용될 돌을 설치할 곳에 운반한 후 모르타르와 접합하기 쉽도록 표면을 깨끗하게 정리하고 건조한 상태로 만든다.

● 첫째 단 쌓기

기초의 한쪽 끝부터 모르타르를 3～5cm 정도로 깐 후 긴 돌을 놓고 외부 노출면을 따라 돌을 놓으며, 면과 면 사이의 공간은 자갈로 다짐하여 채운다. 필요하

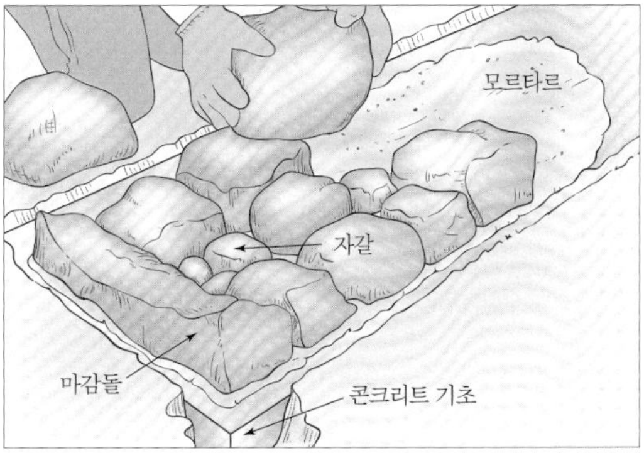

첫째 단 쌓기

다면 돌을 절단하여 노출면을 맞춘다.

● 둘째 단 쌓기

첫째 단 사이사이를 모르타르를 이용하여 채우고, 다시 둘째 단을 쌓기 위한 기반을 조성한 후 첫째 단과 같은 방법으로 축석한다. 단, 첫째 단과 둘째 단의 수직줄눈이 일치되지 않게 해야 한다.

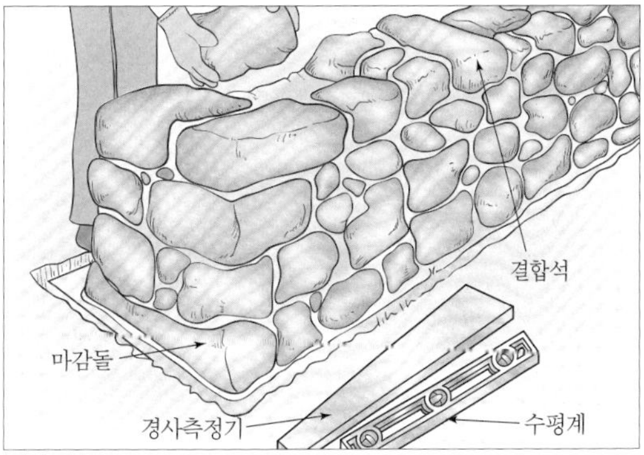

돌 쌓기

● 돌의 고정

위와 같은 방법으로 계속해서 돌을 쌓는데 $1m^2$당 두세 개 정도의 긴 돌을 결합석으로 사용하여 돌의 결속을 강화한다.

만약 적절한 간격으로 돌을 놓고자 할 때는 나무쐐기를 돌과 돌 사이에 설치한 후 모르타르가 굳으면 쐐기를 제거하고 쐐기를 빼낸 자리를 다시 모르타르로 충진한다.

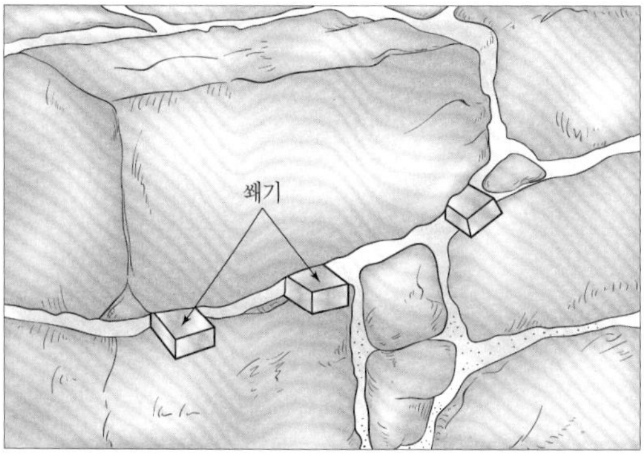

쐐기 고정

● 이물질 제거 및 양생

브러시를 이용하여 석축의 표면에 남은 모르타르를 제거하고, 기온이 매우 높거나 건조한 경우에는 거적을 덮고 물을 뿌려 양생한다.

산석붙임

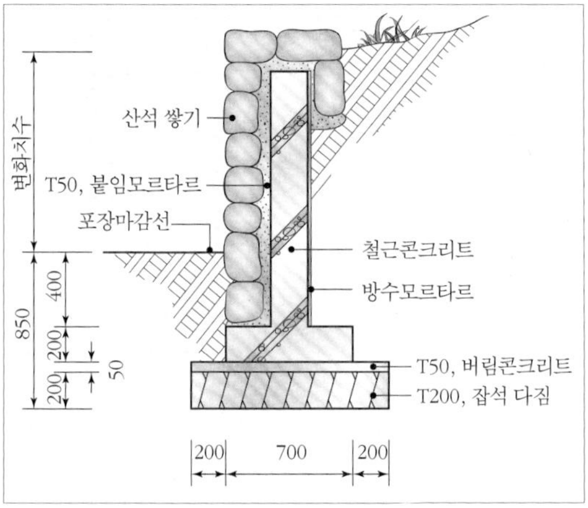

산석붙임 시공 단면

산석붙임

산석붙임은 콘크리트 구조체에 모르타르를 이용하여 산석을 붙여 만든 옹벽이다. 콘크리트 구조체는 콘크리트 담이나 콘크리트 옹벽의 시공방법을 따라 만들고, 산석은 찰쌓기와 같은 방법으로 붙인다. 단, 자연스러운 분위기를 연출하기 위해서 산석붙임의 줄눈 사이의 모르타르가 보이지 않도록 하는 것이 좋은데, 그러기 위해서는 시공 중 모르타르가 밖으로 흘러나오지 않게 주의하고 줄눈 사이에 보이는 모르타르를 긁어내거나 비질하여 깨끗이 하는 것이 좋다.

주의사항

① 찰쌓기 석축의 가로 길이가 길 때에는 20~30m 간격으로 신축줄눈을 설치해야 한다.

② 돌을 쌓은 후 충격을 받아 석축이 훼손되지 않도록 모르타르가 다 양생될 때까지 주의해야 한다.

콘크리트 옹벽

콘크리트 옹벽에는 중력식 콘크리트 옹벽과 캔틸레버 *cantilever* 옹벽이 있는데, 중력식 콘크리트 옹벽은 자중으로 토압에 저항하는 것으로 높이를 4m 정도까지 쌓을 수 있으며, 부피가 크고 무게가 많이 나가므로 기초지반이 견고한 곳에 설치해야 한다. 캔틸레버 옹벽은 철근콘크리트 구조로서 수직벽과 저판으로 구성되는 구조적 단면의 형태이기 때문에 중력식 옹벽보다 구조적으로 유리하며, 6m까지 높은 옹벽을 만들 수 있다.

콘크리트 옹벽

도구

삽, 쇠스랑, 흙손, 자막대기, 브러시, 수평계

재료

레미콘, 이형철근, PVC관, 거푸집용 목재, 못, 거적이나 가마니

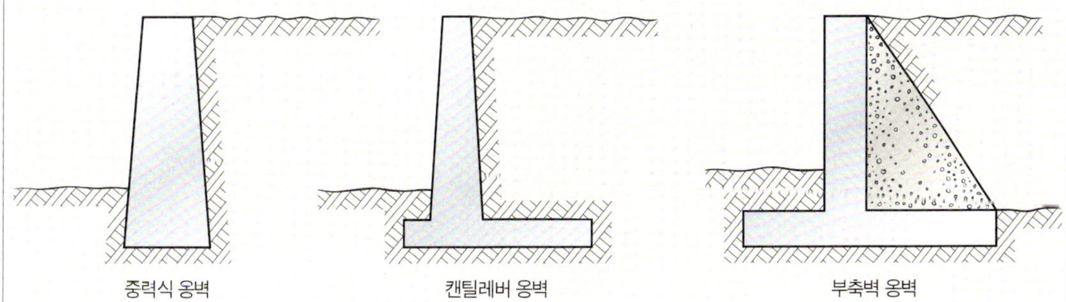

옹벽의 종류

터파기 및 기초 설치

터파기 및 기초 설치는 이 책(68~69쪽)에 있는 기초 설치 항목을 따른다. 단, 상부하중을 더 안전하게 지지하기 위해 잡석을 이용해서 추가로 다질 수 있다.

콘크리트 입수

콘크리트 담 항목의 '콘크리트 입수(70~71쪽)' 방법과 같다.

거푸집 제작 및 설치

① 거푸집은 적당한 지주, 띳장, 맬목, 철선, 볼트, 세퍼레이터, 스페이서 등을 사용하여 옹벽의 형태와 합치되도록 조립한다.

② 콘크리트를 부어 넣을 때 거푸집이 이동하지 않게 하고, 시멘트풀이나 모르타르가 이음 부분에서 새지 않도록 긴밀하게 조립해야 한다.

③ 콘크리트가 거푸집에 부착되는 것을 방지하기 위하여 거푸집 안쪽에 박리제를 바른다.

배수시설 설치

① 옹벽의 배면에서 빗물이 스며들면 토압과 수압이 높아져 옹벽을 파괴하는 원인이 되므로 옹벽의 벽체에 배수구를 설치해야 한다.

② 옹벽 1.5~3.0m²마다 PVC관을 이용해 지름 2~10cm의 배수구를 설치한다.

③ 배수시설이 더 필요하다면 옹벽 배면의 밑 부분에 유공관과 맹암거를 설치하여 배수를 촉진할 수 있다.

콘크리트 부어 넣기

① 기초 위에 거푸집을 설치하고 이형철근을 기초의 홈에 설치하여 상부 콘크리트 옹벽과 기초를 긴밀히 결합한다.

② 콘크리트를 20cm의 두께로 여러 번 나누어 부어 넣고 원하는 높이에서 마감한다. 이때 자막대기나 나무흙손을 이용하여 면을 고른다.

양생

콘크리트를 부어 넣고 3일 이상 거적이나 가마니를 덮어 기초를 설치할 때와 마찬가지로 양생해야 한다.

뒤채움 및 다짐

콘크리트를 타설한 지 1주일 정도 지난 다음, 배면에 토사를 뒤채움하고 다진다. 이때 지나치게 다져 옹벽을 손상하는 일이 없도록 해야 한다.

마감재료 쌓기 및 붙임

콘크리트 옹벽의 외부 노출면에 벽돌, 산석, 호박돌, 판석 등을 쌓거나 붙이면 미적 효과를 높일 수 있다.

주의사항

① 콘크리트를 부어 넣는 과정에서 과도한 압력으로 거푸집이 배불러지지 않도록 거푸집을 튼튼하게 고정하고 콘크리트를 서서히 타설해야 한다.

② 콘크리트 내부의 빈 공간을 없애기 위해 충분히 다져야 한다.

③ 옹벽의 배면에서 물이 흐를 때는 옹벽에 배수구와 배면 하부에 맹암거 배수층을 설치해야 한다.

조립식 콘크리트 블록 옹벽

조립식 콘크리트 블록은 형태가 매우 다양하기 때문에 색채와 표면 효과를 이용하여 미적 효과를 높일 수 있는 동시에 구조적으로도 안정적인 옹벽을 만들 수 있다. 조립식 콘크리트 블록은 종류가 다양하기 때문에 적절한 용도로 설치하기 위해서는 사전에 생산자와 충분히 협의해야 한다.

조립식 콘크리트 블록 옹벽

도구

수평계, 규준틀, 망치

재료

콘크리트 블록, 블록 보강용 철물, 연결재, 폴리에틸렌 유공관, 지오그리드, 고정판이나 우레탄 같은 접착제

부지 준비

① 설치하려는 기초의 크기에 맞춰 터파기한다. 이때 터파기 면이 수평을 이루는지 확인한다.

② 유기물이나 불순물이 없는 자갈이나 골재를 최소폭 60cm, 최소깊이 15cm 이상으로 깔고 잘 고른 다음, 충분하게 다져서 침하되지 않게 한다.

③ 기초를 안정적으로 만들고 후속작업을 원활하게 하기 위해 기층재 위에 버림콘크리트를 5~10cm 정도 타설할 수 있다. 이때는 콘크리트 두께를 고려하여 기층재의 높이를 사전에 조정하는 것이 좋다.

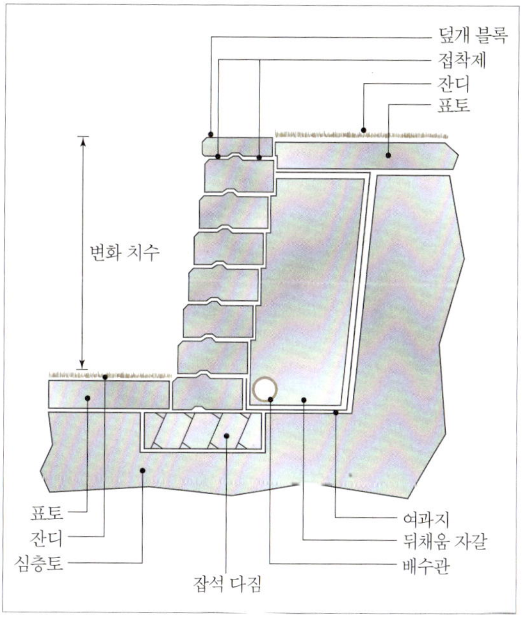

조립식 콘크리트 블록 옹벽 시공 단면

첫째 단 설치

① 첫째 단을 설치할 곳에 수평줄눈을 설치한다.

② 기층재나 콘크리트 기초 위에 모르타르나 모래를 깔고 여기에 블록을 놓는다. 만약 블록의 바닥이 돌출되어 있다면 이 부분의 모르타르를 미리 덜어내고 설치한다.

③ 각 블록은 서로 맞닿게 놓고 고무망치를 이용해 설치한다. 이때 길이 방향과 앞뒤로 블록이 수평을 유지하는지 점검하면서 작업을 진행해야 한다.

④ 첫째 단이 원하는 방향과 길이로 정확하게 놓였는지 확인한다.

배수관 설치 및 뒤채움

① 배수용 유공관을 첫째 단의 배면에 설치하고, 주변에 배수가 잘 되는 자갈이나 골재를 채운다.

② 첫째 단의 배면을 완전히 채우고 수평을 이루게 한 다음, 다음 단 설치를 위해 첫째 단의 상부면을 비로 쓸어 깨끗이 청소한다.

연속적인 단 설치

① 아랫단 두 블록의 가운데에 윗단 블록을 놓고 윗단 하부의 돌출부가 아랫단의 홈에 맞는지 확인한 다음 설치한다.

② 이와 같은 방법으로 윗단을 조심스럽게 연속해서 설치해나간다. 설치 후에 수평과 위치를 확인하고 흙으로 뒤채움한 후 다진다.

③ 이런 방법으로 원하는 높이까지 블록을 설치한다.

첫째 단 놓기

둘째 단 놓기

흙 채우고 청소하기

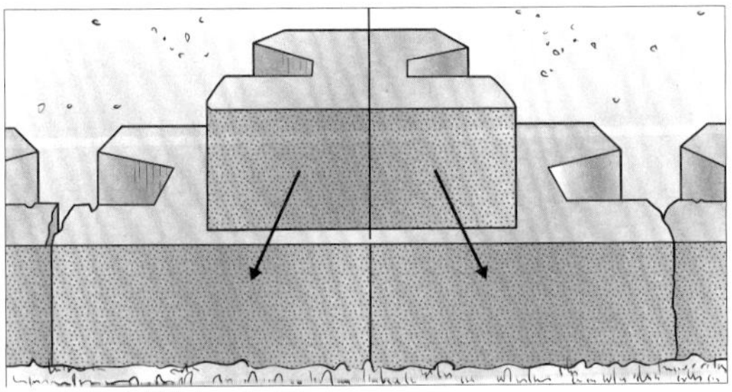

윗단 블록의 위치

지오그리드 설치

① 블록의 연결과 벽의 구조적 성능을 높이기 위해 단마다 지오그리드를 설치한다.

② 지오그리드는 롤 상태로 제작되므로 절단기를 사용하여 원하는 넓이로 절단하여 사용한다.

③ 아랫단 블록의 전면에서 약간 안쪽으로 들어간 지점에서부터 배면 쪽으로 지오그리드를 삽입하고, 그 위에 윗단 블록을 놓는다.

흙 채우기

상단 덮개 블록의 설치

① 조립식 블록은 대부분 상부의 노출된 부분을 덮기 위한 덮개 블록을 설치해야 한다.

② 최상부 블록의 가운데에 마감 블록을 놓고 고정핀이나 우레탄과 같은 접착제를 마감 블록의 하부와 상단 블록의 상부에 칠한 후 고정한다.

③ 제품에 따라 덮개의 종류가 다양하므로 제품 공급업체와 협의해 시공 목적에 맞는 적절한 것을 사용해야 한다.

주의사항

① 블록의 유형에 따라 시공법이 다를 수 있으므로, 필요하다면 제품 생산업자가 제시한 시공안내서를 참조한다.

② 블록은 절단작업에 드는 시간과 노력을 줄이기 위해 마감 블록이나 연결 블록을 사용하여야 하며, 불가피할 때는 원하는 크기로 절단하여 사용할 수도 있다. 이때 블록은 정확하고 깨끗하게 절단한 후 사용한다.

목재 및 침목 옹벽

목재를 이용한 옹벽은 사면의 침식을 방지할 수 있을 뿐만 아니라 미관 효과를 얻을 수 있는 좋은 방법이다. 재료로는 방부목이나 침목을 사용할 수 있는데, 침목에 사용된 크레오소트*creosote*(방부제)가 식물이 생육하는 데 장애를 초래할 수 있으므로 별도의 차단막을 설치해 사용하는 것이 좋다.

침목 및 목재 옹벽은 재료의 축조 방식에 따라 쌓기형, 수직형, 목구조 보강토 옹벽으로 구분한다. 쌓기형과 수직형은 높이가 1m 이하인 낮은 옹벽을 만드는 데 적용되는 반면, 목구조 보강토 옹벽은 구조적으로 매우 뛰어나 2~3m의 다소 높은 옹벽에도 적용이 가능하다.

도구

톱, 수평계, 규준틀, 망치, 삽, 다짐기, 해머, 말뚝, 줄

재료

방부목이나 침목, 연결 철물(못, 브래킷), 자갈, 이형철근, 스파이크, 폴리에틸렌 유공관

쌓기형 목재 옹벽

● 터파기

① 옹벽을 설치할 위치의 모서리에 1.5m 높이의 말뚝을 박고 기준선을 수평으로 연결한다.

② 추를 내려 기준선과 수직을 이루는 곳에 1.2m 간격으로 보조 말뚝을 박고 기준선의 지표상 가장 낮은 지점에도 말뚝을 박아 표시한다.

③ 가장 낮은 지점을 기준으로 해서 깊이 30cm, 폭 30cm로 터파기하고, 그 위에 10~20cm 두께로 자갈을 포설하고 다진다.

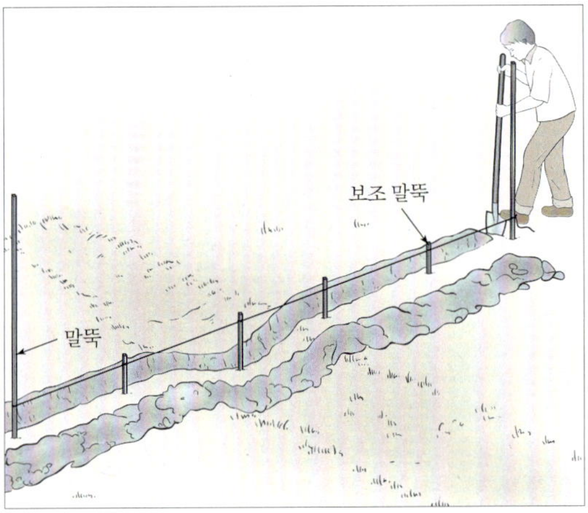

터파기

● 첫째 단과 둘째 단 설치

① 첫째 단으로 설치할 목재의 양 끝에 15cm 정도 안쪽에 드릴로 세 개의 수직구멍을 뚫고 구멍에 1m 정도의 긴 스파이크를 넣은 후 해머로 박아 목재를 땅에 고정한다. 이러한 방법으로 첫째 단을 모두 고정한다.

② 둘째 난을 첫째 난과 세로줄눈이 일직선상에 오시

첫째 단 설치

않도록 어긋나게 배치한다.

③ 드릴로 목재당 세 개의 구멍을 뚫고, 30cm의 스파이크를 박아 첫째 단과 연결한다.

● 앵커목과 가로대 설치

① 둘째 단 위에 수평으로 앵커목을 놓고 반대편 끝단

앵커목 설치

아래 가로대를 댄다.

② 1m 정도의 가로대 양쪽을 긴 스파이크로 고정한다.

③ 가로대와 둘째 단 위에 앵커목을 놓고 30cm의 스파이크를 박아 연결한다.

④ 셋째 단을 놓기 위해 앵커목의 마구리만큼 잘라내어 목재 길이를 맞추고 30cm의 스파이크를 박아 둘째 단과 연결한다.

● 맹암거 설치

① 옹벽의 배면에 자갈을 펴고 그 위에 지름 10cm의 유공관을 직선으로 설치한다.

② 유공관은 앵커목재의 하부를 통해 옹벽의 측면에 맞추어 설치한 후 15cm 두께로 자갈을 포설한다.

맹암거 설치

● 모서리 맞물림

① 넷째 단을 설치한 후 벽의 각 모서리부 측벽에 앵커목재를 설치한다. 이때 목재는 마구리가 교대로 배치

되도록 설치해야 한다.

② 마지막 다섯째 단을 설치하고 30cm 스파이크를 측벽에 박아 고정한다.

모서리 연결

● 배면 토사 채움

옹벽의 배면에 토사를 채우고 다진다. 이때 한 번에 다질 경우에는 옹벽에 충격을 줄 수 있으므로, 채움작업을 할 때는 20～30cm의 두께로 나누어 다진다.

수직형 목재 옹벽

① 터파기를 한 후 지반을 다진다.

② 목재를 나란히 세우고 브래킷이나 앵커를 이용하여 연결한다.

③ 목재를 적절한 높이로 고정한 다음 지표 하부의 원하는 높이로 콘크리트를 타설하여 목재와 일체가 되게 한다.

④ 콘크리트가 충분히 양생되고 목재가 고정되었다면, 옹벽 배면의 하부에 맹암거를 설치하고 되메우기

수직형 목재 옹벽

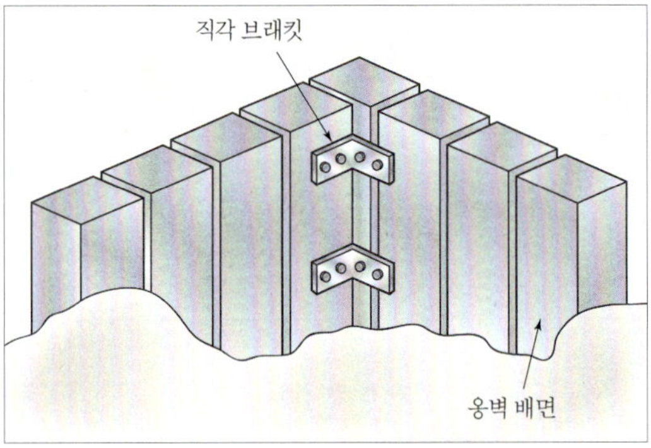

모서리 설치

를 한다.

⑤ 설치된 목재의 높이가 다를 때에는 일정한 높이로 절단하여 깨끗하게 정리해도 좋다.

주의사항

① CCA 방부제 등 유해한 방부제를 사용한 목재는 점차 사용이 금지되고 있으므로 허가된 목재를 사용해야 한다.

② 목재가 땅에 매립되어 물과 직접 접촉하는 부위는 부패하기 쉬우므로 표면에 방수제를 바른다.

돌망태 옹벽

돌망태 옹벽은 무거운 자중과 넓은 접촉면에 의해 높은 안정성을 얻을 수 있으며, 재료의 특성상 물의 투수가 자유스럽게 때문에 수압이 거의 작용하지 않아 물의 용출이 많은 경사지 하단에 설치하면 좋다.

옹벽 주위에 덩굴식물을 식재하면 더욱 자연스러운 분위기를 연출할 수 있다. 다른 옹벽과 달리 수준 높은 기술을 요구하지는 않으며, 시공비가 비교적 적게 들지만 돌망태를 채울 만큼 돌이 충분히 있어야 한다.

시공을 위해서는 설치할 위치와 개략적인 경사가 제시되어야 한다. 무거운 자중 때문에 로더 등과 같은 특별한 운반장비가 필요하다.

돌망태 옹벽

도구

삽, 망치, 니퍼, 철사 고리, 보호장갑, 수평계

재료

망태(개비온), 돌, 철사

터파기 및 기초 설치

① 망태를 설치할 곳을 표시하고 다짐을 하여 평평하게 정지한다.

② 침하를 방지하기 위해 콘크리트 기초를 설치하기도 한다.

망태 설치 및 돌 채움

① 망태를 설치할 위치에 나란하게 놓는다.

② 망태의 그물눈보다 큰 돌을 아래부터 채운다.

③ 망태에 돌을 모두 채우면 망의 뚜껑을 닫고 철사로 묶어 완전히 결속한다.

④ 망태의 배면에는 배수시설을 설치하고 흙을 채운 뒤 다진다.

단 연결과 뒤채움

① 첫째 단을 채우고 다진 후 둘째 단을 위한 망태를 설치할 때는 돌망태 간의 연결선이 서로 엇갈리게 설치하고 단이 높아질수록 약간 뒤로 물리는 것이 구조

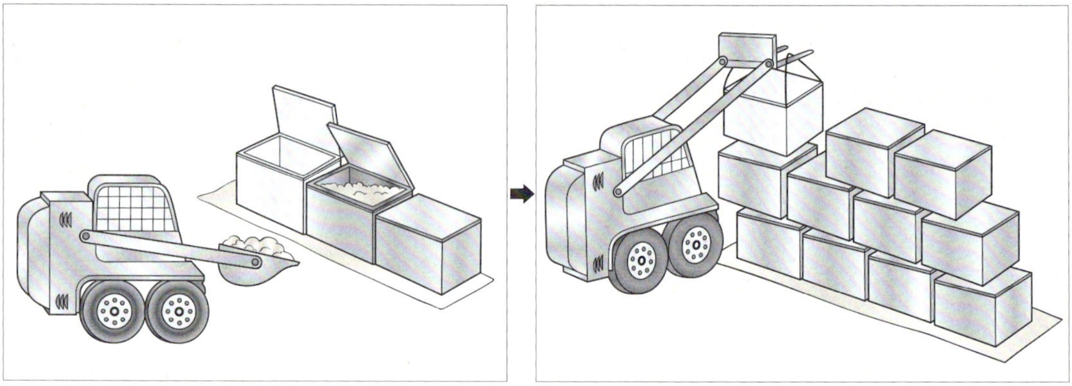

돌망태 옹벽 시공 과정

상 안정적이다.

② 첫째 단과 마찬가지로 망태 안에 돌을 채우고 뚜껑을 닫고 결속을 한 후, 배면에 흙을 채우고 다진다. 이러한 과정을 되풀이하여 원하는 높이까지 돌망태를 설치한다.

주의사항

① 망태를 채울 재료는 얻기 쉽고 보기에도 좋아야 하는데, 현장에서 얻을 수 있는 강돌이나 잡석을 사용하면 좋다.

② 망태의 철사나 결속을 위해 사용한 철선은 내부로 마감하여 사람들이 다치지 않게 해야 한다.

③ 철사는 녹슬지 않은 것을 사용해야 한다.

돌망태 옹벽

그물 대신 철근을 사용하여 돌망태 옹벽을 만들고 깨진 돌을 채워 옹벽을 만들기도 한다. 여기에 담쟁이·마삭줄 같은 덩굴식물을 심으면 자연스러우며 미적 효과를 높일 수 있어 최근에는 이 옹벽이 많이 사용되고 있다.

자연석 쌓기

자연석 쌓기는 연못의 호안護岸, 소옹벽, 벽샘 등 수직 구조물이 필요한 곳에 큰 돌을 쌓는 것이다. 돌의 형태, 색, 질감, 결을 이용하고 돌과 돌 사이에 관목이나 초화류를 식재하면 더욱 자연스러운 분위기를 연출할 수 있다. 최근에는 자연석의 가격이 비싸므로 인공으로 만든 조경석(발파석)을 사용하기도 한다.

자연석 쌓기

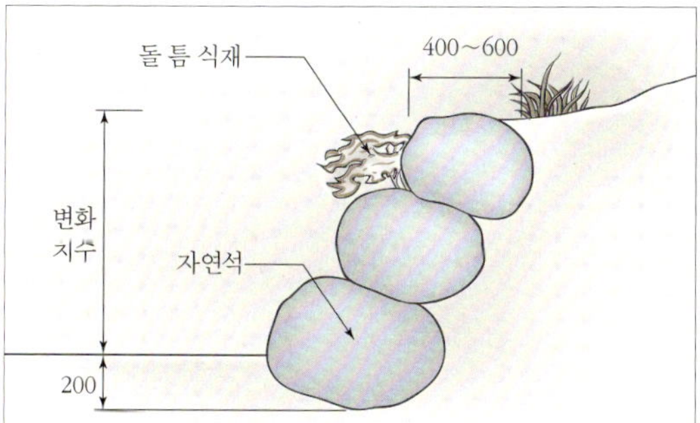

자연석 쌓기 시공 단면

돌을 쌓기 위해서는 돌의 면과 모양을 보고 조화롭게 쌓을 수 있는 숙달된 기술과 돌을 이동하기 위한 노동력이 필요하다. 한 단 이상을 쌓아야 하거나, 작업량이 많을 때에는 조경기술자의 도움을 받아야 한다.

도구

삽, 해머, 망치, 목대, 보호장갑

재료

자연석, 조경석, 관목류, 초화류

터파기

① 돌을 쌓고자 하는 곳의 면을 정지하고 지표면에서부터 20~30cm 정도 터파기를 한다.

② 구조적으로 보완해야 할 때에는 잡석이나 콘크리트 기초를 보강할 수 있다.

자연석 쌓기

① 맨 밑은 큰 돌을 이용하여 안정감 있게 쌓고 뒷면은 돌을 괴고 뒤채움을 하여 튼튼하게 고정한다.

② 상부로 돌을 쌓아 올라가면서 약간씩 뒤로 들어가게 쌓아 경사지게 한다.

③ 중간에 뒷길이 60~90cm 정도의 돌을 맞물려 쌓아 자연석이 무너지는 것을 방지한다.

④ 높이는 1～3m 정도가 바람직하며, 그 이상의 높이로 자연석을 쌓으려면 안정성에 관해 사전검토를 해야 하며, 별도의 콘크리트 구조체가 필요하다.

관목 및 초화류 식재

① 쌓기가 끝나면 돌과 돌 사이에 흙을 충분히 채우고 관목이나 초화류를 식재한다.

② 식물의 생육을 위해 토양에 유기질 비료를 첨가해도 좋다.

주의사항

① 한 단 이상의 자연석 쌓기를 할 때는 구조적 안정성과 미적 효과를 위해 숙련된 기술자의 도움이 필요하다.

② 돌의 운반 및 쌓기작업은 큰 힘이 필요한 만큼 부상의 위험도 크므로 무리하게 힘을 주지 않도록 주의한다.

③ 기초부나 배면에서 물이 나오거나 비가 올 때 상부에서 표면 유출수가 있다면 이를 차단하기 위한 배수시설을 설치하여 자연석을 쌓은 곳에 피해가 가지 않도록 한다.

자연석과 발파석

자연석은 규격, 재질, 형상 등이 매우 다양하지만 일반적으로 강석으로서 돌의 표면이 오랜 시간 물에 의해 마모되어 둥글게 되어 있는 것이다. 반면 발파석 또는 무늬 조경석은 깬 돌을 가공하여 자연석 형태로 만든 돌로서 자연석보다 가격은 싸지만 자연스러움이 떨어진다.

경관석 놓기

경관석 놓기는 정원 내 시선이 집중되는 곳이나 시각적으로 중요한 지점에 중심이 되는 큰 돌인 중심석과 보조 역할을 하는 보조석 등 몇 개의 경관석을 잘 조화시켜 쌓는 방법이다. 3, 5, 7 등의 홀수로 조합하고 경관석 주변에 적당한 관목류, 초화류 등을 심어 어울리게 하면 훌륭한 심미적 요소가 될 수 있다.

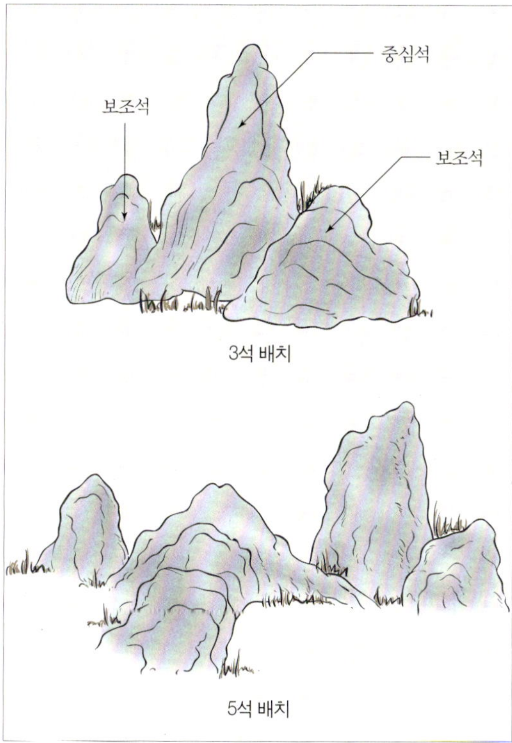

경관석 놓기

도구

삽, 해머, 망치, 와이어, 목대, 보호장갑

재료

경관석, 관목류, 초화류

경관석 놓기의 시공기준

① 입석, 횡석, 평석, 환석, 각석, 사석, 와석, 괴석은 각각의 고유한 형태적 특성을 가지고 있으므로, 적절한 것을 선택해 사용한다.

② 경관석의 크기, 형태, 종류를 파악하고 설치 위치 및 주변 여건과 주요 시점에서의 시각을 고려하여 배치계획을 세운다.

③ 단독으로 배치할 경우에는 돌이 지닌 특성을 잘 나타낼 수 있도록 위치를 고려하여 배치하고, 무리 지어 배치할 경우에는 큰 돌을 중심으로 보조적으로 첨가되는 돌이 서로 조화를 이루도록 배치한다.

③ 경관석을 무리 지어 배치할 때는 중심석과 보조석의 2석조가 기본이며, 3석조를 조합하는 경우에는 삼재미三在美(천지인天地人)의 원리를 적용하여 중앙에 천(중심석), 좌우에 각각 지와 인을 배치한다.

경관석 놓기

① 경관석을 설치하기 전에 주변환경과 조화를 이루

게 하기 위해 방향, 자세(눕히기, 세우기, 빗놓기, 겹쳐 놓기 등), 묻을 깊이에 대해서 미리 계획을 세운다.

② 돌을 수평으로 놓을 때에는 지표면에 바로 놓을 수 있으나, 수직으로 세울 때에는 돌이 기울거나 전도되는 것을 방지하기 위해 소정의 깊이(보통 경관석 높이의 1/3)로 터파기하여 앉히고 옆에 돌받침, 굄돌, 콘크리트로 뒤채움 등을 하여 흔들리지 않게 한 다음 주위 흙을 빈틈없이 밀어 넣으며 다져 메운다.

③ 돌을 설치하는 작업이 끝나면 돌 틈과 주위에 마른 흙을 채워 수평으로 메우고, 채우는 흙의 두께 30cm마다 충분히 다진다.

주의사항

① 돌을 설치하고 놓는 작업은 큰 힘이 드는 만큼 다칠 위험이 있으므로, 무리하게 힘을 주지 않도록 주의한다.

② 시공이 잘못되어 돌을 다시 설치하면, 추가로 많은 노동력이 필요하므로 경관석을 놓기 전에 면밀히 검토해야 한다.

울타리

정원을 나타내는 ‘garden’은 울타리를 의미하는 히브리어 ‘gan’과 즐거움과 기쁨을 의미하는 ‘oden’ 또는 ‘eden’이 합쳐진 것이다. 즉 ‘garden’은 ‘즐거움과 기쁨을 주는 울타리가 쳐진 땅’을 의미한다. 이처럼 울타리는 정원의 속성을 규정짓는 기본 요소이기도 하다. 오래전에는 탱자나무, 가시나무, 개나리, 찔레나무, 대나무 등으로 생울타리를 만들거나 목책을 사용하기도 하였으나, 최근에는 기성품을 이용해 울타리를 만드는 것이 보편화되었다.

시공 일반

울타리는 부지의 경계를 구획하기 위한 선형 구조물로서 수직면이 시각적으로 두드러지므로 이를 잘 활용하면 정원이나 주택을 아름답게 만들 수 있는 중요한 시설이다.

부지의 경계를 구획하므로 법적으로 정확한 부지 경계에 설치해야 하며, 측량오차를 고려하여 경계선으로부터 30cm 안쪽에 설치하는 것이 바람직하다. 시공과정에서 불가피하게 인접부지에 접근하게 되므로 사전에 인접부지 거주자에게 공사계획을 알리고 허락을 맡아야 하며, 아울러 피해를 주지 않도록 해야 한다.

도구

삽, 톱줄자, 망치, 줄, 수직추, 수평계

재료

시멘트, 모래, 자갈, 기둥재, 나무말뚝

레이아웃

① 울타리를 설치할 구간을 확인하고 시작점과 끝점에 말뚝을 설치한다.

② 양쪽 끝단의 표시점을 따라 지시선을 설치하고 중간에 기둥이 설치될 곳에 중간말뚝을 박아 표시한다. 만약 울타리를 직각으로 설치하려면 직각삼각형의 원리를 이용하여 직각으로 시시선을 설치한다.

● 기둥 설치

① 말뚝 표시를 참조하여 양쪽 끝단에 기둥을 수직으로 세우고 지지대로 고정한다.

② 두 기둥을 연결하는 선을 각각 상단과 하단에 하나씩 묶은 후 중간기둥을 세우고 지지대로 고정한다.

경사지에 울타리 설치

경사지에 울타리를 설치할 때는 울타리의 기능과 미적 측면에 주의해야 한다. 울타리는 지표면의 경사를

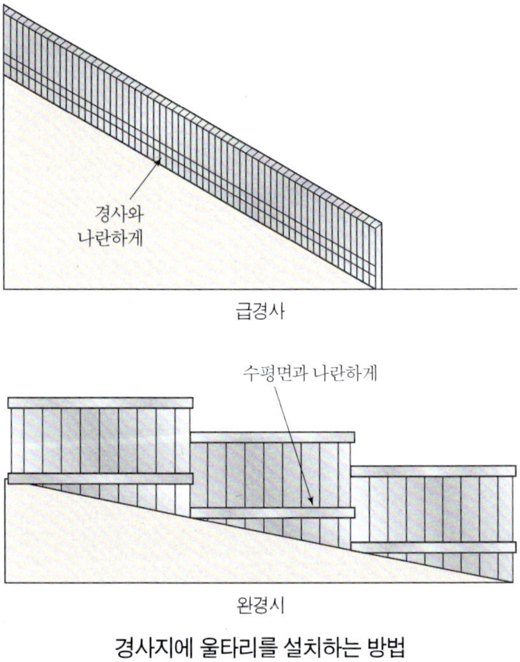

경사지에 울타리를 설치하는 방법

따라 경사면과 나란히 하거나 계단식으로 설치하는데, 계단식은 경사가 완만할 때에만 설치가 가능하다. 만약 계단식일지라도 어린이나 동물의 출입을 차단할 필요가 있다면 울타리를 지표면까지 연장해 설치해야 한다.

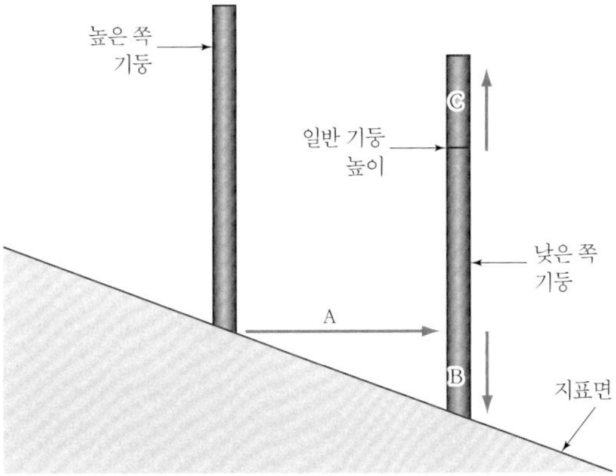

계단형 울타리의 기둥 높이 결정

① 경사에 따른 기둥 간의 높이 차를 고려하여 여유분의 높이를 포함한 기둥의 높이를 결정한다.

② 높은 쪽 기둥의 지표면과 만나는 지점에서 낮은 쪽 기둥으로 수평선을 연결(A)하여 만나는 지점을 확인한다.

③ 이 지점에서 낮은쪽 기둥의 지표면과 만나는 지점까지의 길이를 측정(B)하고, 여기에 설치하고자 하는 기둥의 높이를 더하면(C) 낮은 쪽 기둥의 높이를 구할 수 있다.

④ 이러한 과정을 되풀이하여 경사지의 모든 기둥에 대한 높이를 구해 울타리의 기둥을 설치한다.

잡초방지대 설치

① 울타리를 설치한 후 울타리 밑부분에 잡초가 자라나는 것을 억제하기 위해 폭 30cm, 깊이 10cm로 콘크리트나 자갈을 채워 잡초방지대를 설치한다.

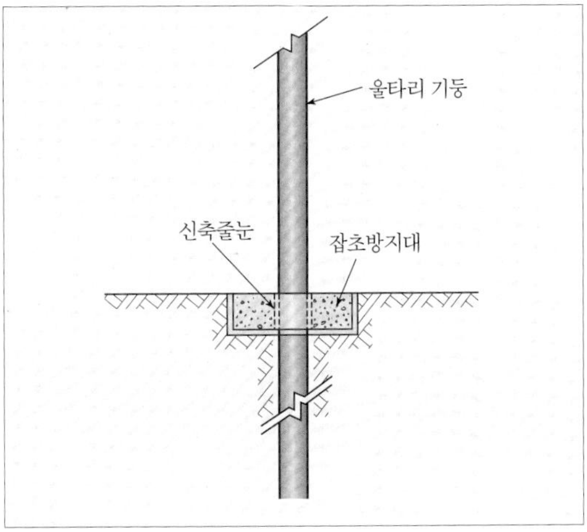

울타리 잡초방지대

주의사항

① 기둥은 설치 후 지지말뚝으로 고정하고 기초콘크리트가 완전히 양생되어 고정될 때까지 외부에서 충격을 받아 흔들리지 않도록 보호해야 한다.

② 울타리의 직선이 곧지 않으면 보기에 좋지 않으므로 기둥을 설치할 때는 위치, 높이, 수직 여부를 주의 깊게 점검해야 한다.

목재 울타리

목재 울타리는 기둥과 수평레일, 그리고 선택적으로 패널이나 부속목재를 덧대어 만든다. 목재를 직접 가공하여 만들므로 많은 노력과 시간이 들지만, 그만큼 독특한 미적 효과를 갖는 울타리를 만들 수 있다.

목재 울타리

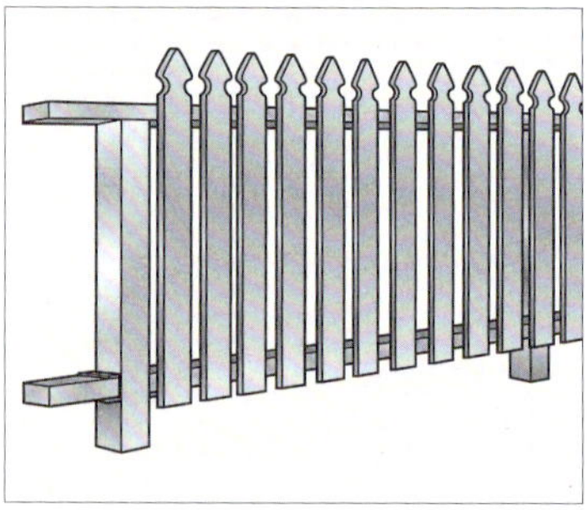

장식판

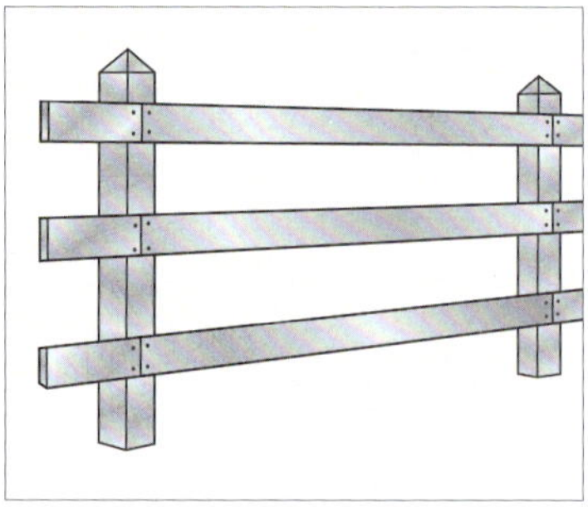

수평판재형

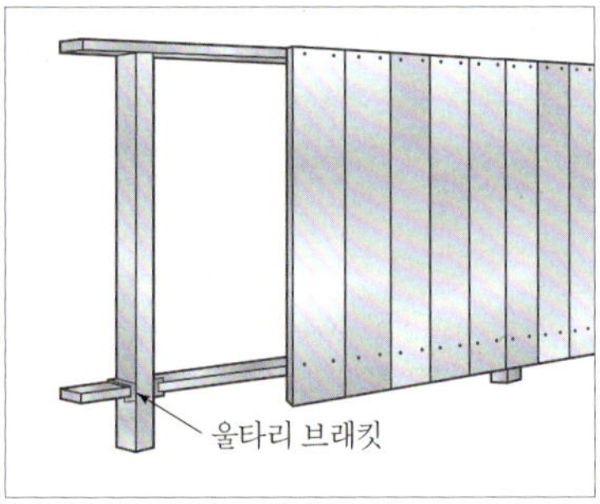

판재 덧대기

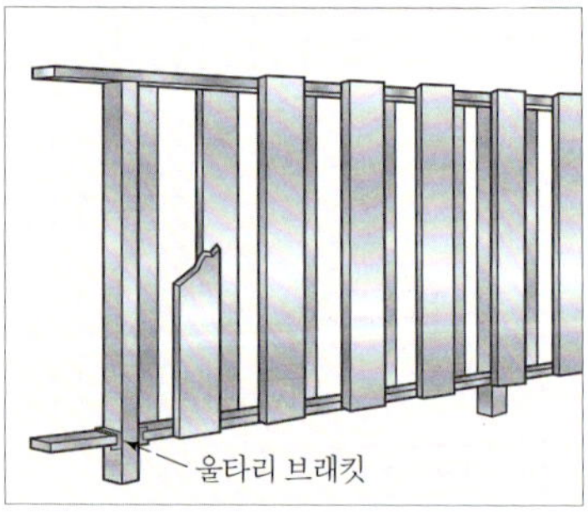

판재 양쪽 대기

판재 교대 덧대기

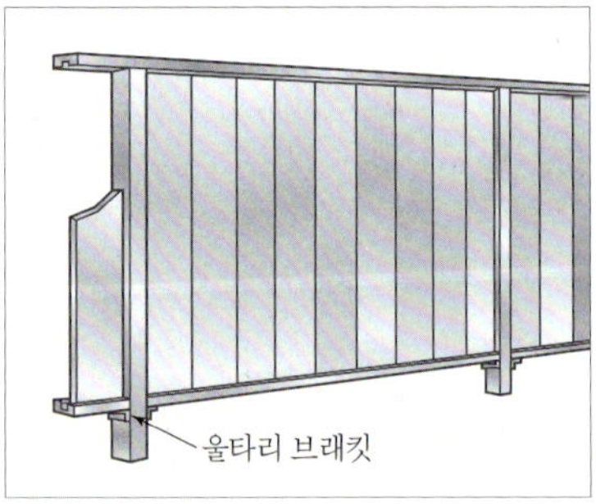

판재 끼우기

목재 울타리의 종류

도구

삽, 수평계, 끈, 줄자, 망치, 톱, 끌, 대패

재료

목재기둥, 목재난간, 목재패널, 못이나 스크루 나사, 목재 연결철물, 콘크리트

기둥 설치

가로대를 설치할 때에는 가로대를 설치하면서 같이 기둥을 설치하고, 판재를 댈 때에는 기둥을 모두 설치하고 난 후 판재를 덧대어 마감한다.

① 기둥이 설치될 위치와 높이를 정확하게 결정하고 터파기를 한다.

② 터파기한 부분에 골재를 조금 채운 후, 기둥을 세우고 다시 골재를 채워가면서 기둥을 원하는 높이로 조정한다.

③ 그런 다음 삽으로 다져가면서 되메우고 절반 정도 되메워졌을 때 높이, 수직, 위치가 정확한지 재확인한 후 되메우기를 계속하여 끝마친다.

수평난간 설치와 마감

① 수평난간 울타리는 기둥에 구멍을 뚫고 가로대를 삽입하여 설치한다. 한 개의 기둥을 확실히 고정하고 다른 기둥은 헐거운 상태로 하여 난간을 끼워 맞춘 다음, 기둥을 수직으로 세워 기둥의 기초 부위에 흙을 채우고 다져 고정한다. 이러한 과정을 되풀이하여 전체 구간의 울타리를 완성한다.

② 더욱 튼튼하게 설치하기 위해 콘크리트로 기초공사를 할 때에는 거푸집을 설치하고 기둥을 지지대로 고정한 후 콘크리트를 타설한다. 이때 콘크리트 타설 직후 기둥의 높이, 수직, 위치를 재점검해야 한다.

③ 가로대를 고정하기 위하여 브래킷이나 쐐기를 이용할 수 있으며, 이때에는 가로대를 수평으로 놓고 못을 박아서 고정한다.

④ 울타리에 패널을 덧대거나 기둥에 직접 패널을 부착해 판자마감한다. 이때 패널이 적절한 형태와 간격을 유지하여 보기 좋게 부착해야 한다. 패널은 못이나 스크루 나사를 이용해 부착한다.

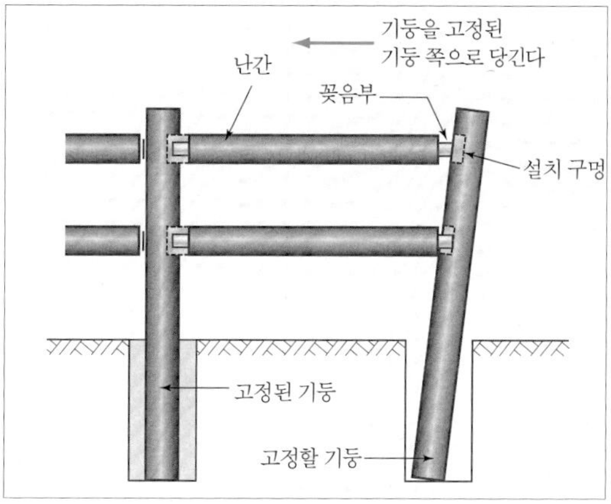

수평난간 울타리 설치

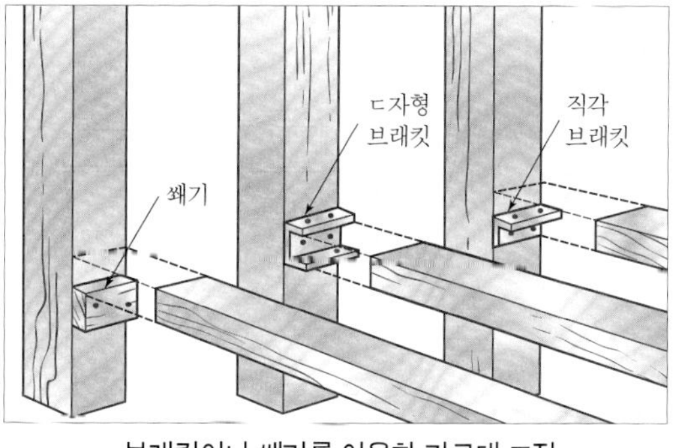

브래킷이나 쐐기를 이용한 가로대 고정

식물지지울 겸용 울타리

① 울타리에 담쟁이덩굴, 아이비, 마삭줄 등과 같은 덩굴식물을 부착해 자라게 하면 자연스러운 분위기를 연출할 수 있어 좋다.

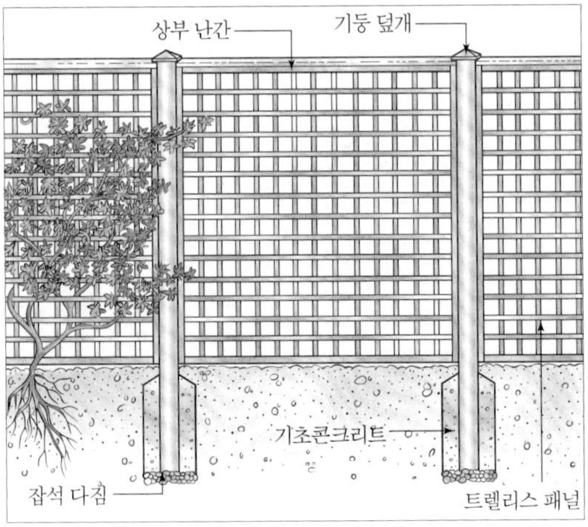

식물지지울

② 덩굴식물을 부착하면 하중이나 풍하중이 커지므로 기둥과 기초를 더욱 튼튼하게 설치해야 하고, 덩굴식물이 잘 부착할 수 있게 트렐리스 패널을 사용하여 수직면을 만들어야 한다.

주의사항

① 기둥은 설치 후 지지말뚝으로 고정하고 기초콘크리트가 굳어 고정될 때까지 외부에서 충격을 받아 흔들리는 일이 없도록 보호해야 한다.

② 기둥을 세운 후에는 반드시 위치, 높이, 수직 여부를 재점검해야 한다.

③ 패널을 부착할 때 기둥에 충격을 주지 않도록 주의해야 한다.

조립식 목재패널 울타리

조립식 목재패널 울타리는 기성품으로 만들어진 목재 패널을 기둥에 끼우거나 부착하여 시공한다. 비교적 설치가 간편하고 목재의 자연스럽고 우아한 미적 효과를 연출할 수 있다. 그러나 시공비가 다소 비싸다는 단점이 있다.

도구

삽, 수평계, 줄, 줄자, 망치, 톱

재료

목재패널 및 기둥, 콘크리트, 스크루 나사, ㄷ자형 걸쇠, 경첩

기둥 설치

기둥의 설치 간격은 패널의 형태와 접속방식에 따라 결정된다. 일반적으로 울타리의 전체 길이에 걸쳐 동일한 간격으로 기둥을 설치하는데, 시공 중 기둥이 이동하지 않게 해야 한다. 만약 기둥 설치 중 끝단이 정해진 간격과 맞지 않아 불가피하게 남는 부위가 생긴다면, 거기에 맞춰 좁은 간격으로 기둥을 설치하고 작은 패널을 끼울 수 있다. 그 외에 기둥 설치 과정은 목재 울타리의 기둥 설치 과정과 유사하다.

패널 설치

① 패널은 기둥에 ㄷ자형 걸쇠를 설치하고 여기에 패널을 끼워 넣거나, 기둥에 부착해 설치한다.

② 끼운 패널은 기둥의 각 면에 서너 개의 스크루 나사를 이용하여 고정한다.

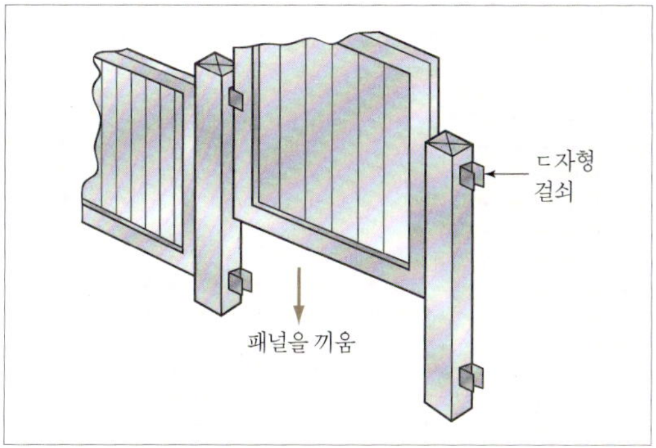

목재패널 끼우기

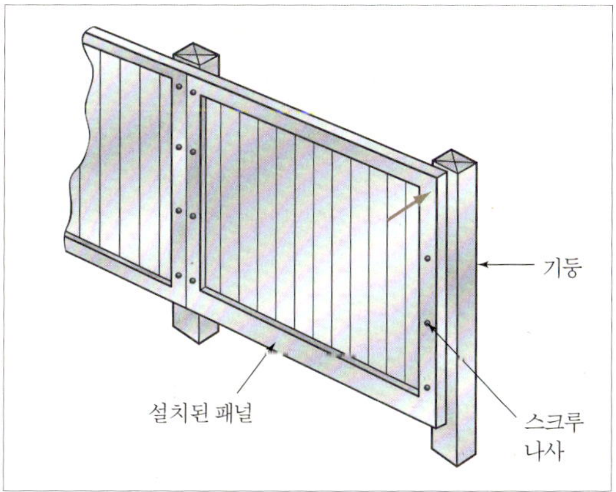

목재패널 고정

③ 조립식 패널 울타리 문은 일반적으로 기성품을 사용하므로 현장에서는 기둥에 문을 부착하는 것으로 작업이 간단히 끝난다.

문을 고정하기 위해서는 우선 기둥 상부에 두 개, 하부에 한 개 정도의 경첩을 부착하여 문을 연결한 후, 문이 적당하게 열리는지를 확인하고 반대편 기둥에 걸쇠를 설치하여 문이 잘 닫히는지를 검사한다.

주의사항

① 기둥을 세운 다음에는 반드시 위치, 높이, 수직 여부를 재점검해야 한다.

② 기성품을 사용할 때는 제품의 특성과 설치방법에 대해 생산자와 사전에 충분히 협의해야 한다.

철망 울타리

철망 울타리는 철재기둥에 망으로 짜인 철망을 설치한 것으로 대부분 투시형이다. 공장에서 대량생산되고 있는데, 색채와 패턴이 다양하고 구조적으로 튼튼하고 내구성이 높아 많이 사용되고 있다.

철망 울타리

도구

삽, 수평계, 니퍼, 절단기, 용접기, 줄, 줄자, 망치

재료

철재기둥, 철망, 연결철물(볼트, 너트, 타이 등), 철재틀

터파기 및 기둥 설치

① 기둥은 모서리와 마지막 기둥, 그리고 문과 연결되는 것을 먼저 설치하며, 간격은 생산자가 제시한 기준을 참조한다.

② 기둥을 설치할 곳을 정확하게 표기한 후 필요한 깊이로 터파기하고, 여기에 철재기둥을 정확한 높이로 세운다.

③ 기둥 기초에 콘크리트를 부어 넣고 3일 이상 양생한다. 이 과정 중 기둥이 가라앉아 내리거나 기울어지지 않게 주의해야 한다.

철망 설치

① 미리 제작된 철망을 양쪽 기둥에 맞추고 상부의 고정 부위부터 볼트로 조인다. 상부 고정이 끝나면 양쪽 기둥의 하부를 고정한다.

② 위와 같은 방법으로 전체 울타리를 완성한다.

③ 울타리에 문을 설치할 때에는 대부분 기성품을 사용하므로 미리 규격을 확인한 후 알맞은 것을 선택해 설치한다.

주의사항

① 기둥을 세운 후 반드시 위치, 높이, 수직 여부를 재점검해야 한다.

② 기성품을 설치할 때에는 사전에 생산자와 협의해야 한다.

③ 콘크리트가 충분히 양생되어 기둥이 고정될 때까지는 기둥에 과도한 하중을 가하지 말아야 한다.

장식 주물형 울타리

장식 주물형 울타리는 주철이나 알루미늄을 주형으로 만든 것으로 미리 설치된 기둥에 주철재 울타리를 연결하여 설치한다. 용접이나 철물을 이용하여 구조적으로 튼튼하게 연결해야 하므로 전문성이 요구된다. 시공비는 비싸지만 미관 효과가 좋으며, 내구성이 높다.

장식 주물형 울타리

도구

삽, 수평계, 용접 및 연결기구(용접기, 스패너, 드라이버), 줄자, 망치, 도장 용구

재료

주철제(알루미늄) 울타리 및 패널, 연결철물(볼트, 너트, 타이 등), 앵커볼트

기초 설치

① 주물형 울타리는 기둥마다 별도의 콘크리트 기초를 설치해야 한다. 기초의 크기와 형태는 울타리 생산자의 기준을 참조한다.

② 콘크리트를 타설한 후 1시간 이내에 앵커볼트를 울타리와 연결할 정확한 위치에 삽입하고 고정해 콘크리트와 일체화한다.

③ 콘크리트 타설 후 3일 정도 양생한다.

기둥과 패널 설치

① 기초 위에 설치된 앵커볼트에 기둥을 놓고 너트를 조여 기둥을 설치하고 캡을 씌운다.

② 패널은 문이나 모서리 부위부터 설치하며, 수평 여부를 확인하면서 윗부분을 고정하고 난 다음 밑부분을 연결한다. 이러한 방법으로 전체 울타리를 설치한다.

마감

① 용접이나 조립작업이 끝난 후 현장을 정리하고, 필요에 따라 도장작업을 하기도 한다.

② 도장작업은 바람이 불지 않는 맑은 날에 하며, 인근에 피해를 주지 않도록 주의해야 한다.

주의사항

① 용접은 일반인이 하기에 위험하고 기술이 필요하므로, 반드시 전문가가 시행해야 한다.

합성수지 울타리

합성수지 울타리는 기성품을 현장에서 조립하여 설치하므로 시공하기 쉽고 간편하다. 울타리는 울타리의 기둥 사이를 암수의 원리로 결합하거나, 레일 및 연결재 등 다양한 방법으로 연결할 수 있으므로 생산자의 기준을 참조한다. 여기서는 대표적인 방법인 기둥에 레일을 연결하여 설치하는 방법에 대하여 알아보기로 한다.

합성수지 울타리

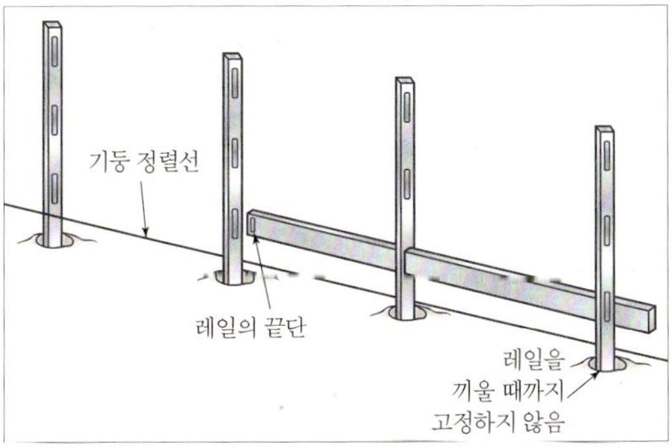

기둥과 레일 설치

도구

삽, 수평계, 끈, 줄자, 고무망치

재료

합성수지 울타리 일체, 콘크리트

기둥 설치

① 먼저 모서리나 끝에 위치할 기둥을 설치하고, 이 기둥을 연결해 기둥 정렬선을 띄운 후 사이사이에 들어갈 각 기둥의 위치를 결정한다.

② 기둥을 설치할 곳에 터파기를 하고 기둥을 놓는다.

레일 설치

① 기둥의 아래쪽 구멍에 레일을 끼워 연결한다. 이때 레일을 원활히 연결하기 위해 기둥은 고정하지 않은 상태여야 한다.

② 이러한 방법으로 기둥의 가운데와 상부에 레일을 연결하고, 레일의 연결 부위는 연결핀으로 고정한다.

기둥 고정

① 모든 레일을 설치하고 나서 한쪽 끝부터 시작해 기둥을 고정한다.

② 수평계를 이용하여 기둥을 수직으로 세우고 자갈이나 흙으로 메우면서 다진다.

③ 터파기한 흙을 반쯤 메웠을 때, 기둥의 높이와 수직 여부를 재검사하고 메우기를 마친다. 만약 기초를 더 튼튼히 해야 한다면, 콘크리트 기초를 설치한다.

주의사항

① 기둥을 세우고 난 뒤에는 반드시 위치, 높이, 수직 여부를 재점검해야 한다.

② 기성품을 설치할 때에는 사전에 제품 생산자와 제품의 특성과 설치방법에 대해 협의해야 한다.

계단

우리나라의 지형은 기복이 많으므로 대부분의 정원에는 계단이 필요하다. 계단은 오르내리기 위한 수단이기도 하지만, 시각적으로도 두드러지므로 잘 만들어진 계단은 정원의 중요한 경관요소가 될 수 있다. 계단은 설치 장소나 재료에 따라 종류가 매우 다양한데, 그중 정원의 계단에는 조경수목과 자연스럽게 조화를 이룰 수 있는 공법이 많이 사용된다.

계단 설계

도구

제도용지, T자, 삼각자 세트, 삼각 축척자, 원형 템플릿, 운형자, 컴퍼스, 연필 또는 샤프 펜슬, 지우개, 제도용 테이프

단 규격

계단을 구성하는 요소인 답면과 단은 일정한 관계를 가지고 있는데, 단의 높이(R)와 답면의 너비(T)는 2R + T = 60 ~ 65cm가 적당하다. 일반적으로 단의 높이는 11 ~ 18cm, 답면의 너비는 29 ~ 43cm의 범위에 있어야 하며, 이 중에서도 단의 높이 15cm, 답면의 너비 30 ~ 35cm가 가장 적당하다. 그러나 정원의 계단은 이보다 완만하게 하여 보행하기 편안하게 만드는 것이 좋다.

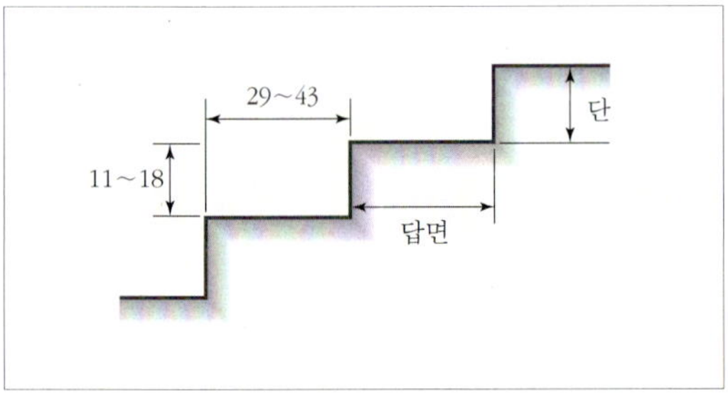

계단의 시공 단면

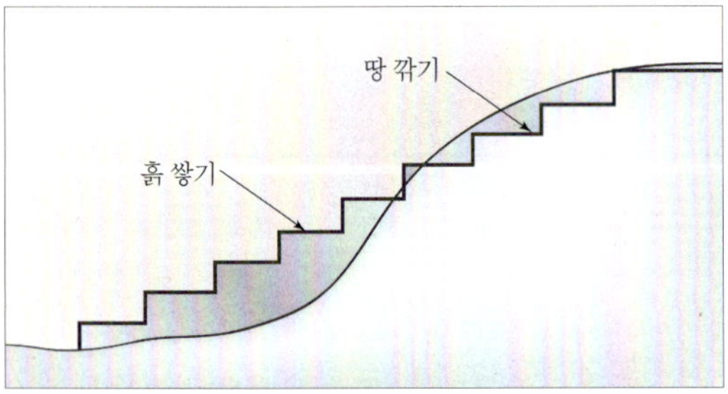

계단의 시공 단면

계단 폭

계단의 폭은 최소 60cm 이상이어야 하지만, 1인용은 90 ~ 110cm, 두 사람이 교차통행해야 한다면 130 ~ 150cm가 적당하다.

안전기준

① 계단을 한 단만 설치하거나 높이가 지나치게 낮은 계단은 보행자가 인식하기 어려워 오히려 위험하므로 설치를 피해야 한다.

② 야간에도 이용할 것을 고려하여 계단 주변에 옥외 조명등을 설치한다.

③ 계단의 답면은 발이 끼거나 걸리지 않는 구조로 만들어야 한다.

④ 배수가 잘 되도록 계단의 낮은 방향 쪽으로 1 ~ 2% 표면경사를 주어야 한다.

⑤ 답면의 끝부분에는 미끄럼을 방지하기 위하여 마찰력이 높은 재료나 공법을 사용해야 한다.

계단 설계 과정

① 대문의 중심과 현관의 중심을 시작점과 끝점으로 하고, 굴곡이 지는 점을 결정하여 각 점을 연결하는 가장 긴 길의 노선 배치 중심선을 그린다. 또 정원 내에 계단을 설치하려는 곳에서도 마찬가지로 시작점과 끝점을 결정하여 다음의 순서로 설계를 진행한다.

② 시작점과 끝점의 수직 높이 차이를 확인하고, 전체 높이를 단의 높이로 나누어 단 수를 결정한다.

③ 경사의 수평거리를 단 수로 나누어 답면의 폭을 계산하고, 이 값이 단의 높이와 답면의 너비 기준에 적합한지를 검토한다. 만약 권장범위를 벗어난다면, 경사의 길이와 높이를 변경하여 기준에 맞게 한다.

④ 만약 계단의 좌우 길이를 길게 할 수 있는 조건이 된다면 S자형 곡선으로 계단을 설치하여 보행의 부담을 덜고 자연스러운 분위기를 낼 수 있게 해도 좋다.

⑤ 계단의 좌우 길이는 부지의 규모와 통행량을 고려하여 결정하고, 노선 배치 중심선을 기준으로 좌우로 반분된 너비의 치수로 그린다.

⑥ 답면 너비의 치수대로 평면도상에서 계단의 개수를 할당하여 아랫단부터 숫자로 계단 수를 표시한다.

⑦ 계단 수가 많을 때에는 계단 중간의 좀 넓은 곳에 세난참을 설치한다. 3~5단마다 2~3단 너비의 계단

단 높이와 답면 너비의 관계 (단위 : cm)

단 높이	11	12	13	14	15	16	17	18
답면 너비	38~43	36~41	34~39	32~37	30~35	29~33	29~31	29~29

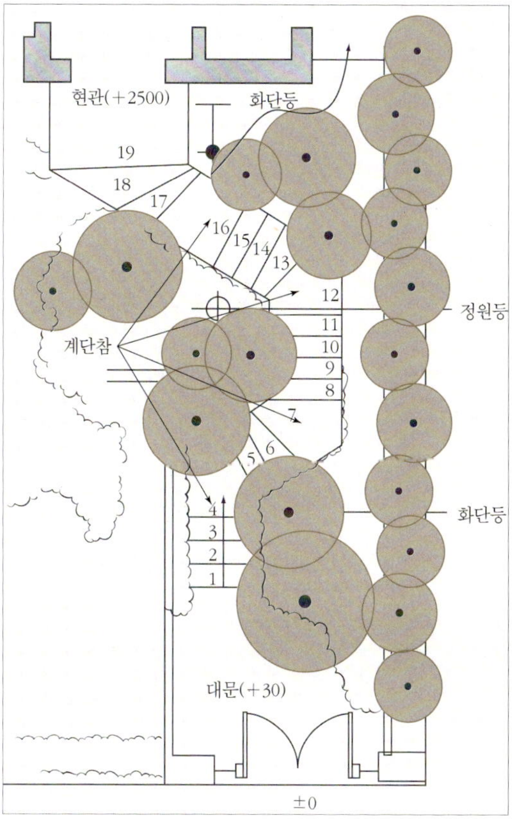

계단과 계단참이 조화를 이루어 설계된 사례
(자료 : 교육인적자원부, 『조경기술 I』, 2004, 59쪽)

참을 만들면 이용하기에도 편리하고, 주변과 조화를 이루어 아름다운 형태로 계단을 만들 수 있다.

⑧ 평면상에서 계단 설계가 끝나면, 필요한 부분에 치수와 기호를 기입하여 도면을 완성한다.

⑨ 계단을 만드는 데 사용할 재료를 결정하고 계단의 단면도나 투시도를 작도하여 의도한 대로 설계가 되었는지 확인한다. 경우에 따라서는 계단의 재료를 설계 초기단계에 미리 결정할 수도 있다.

콘크리트 계단

콘크리트 계단

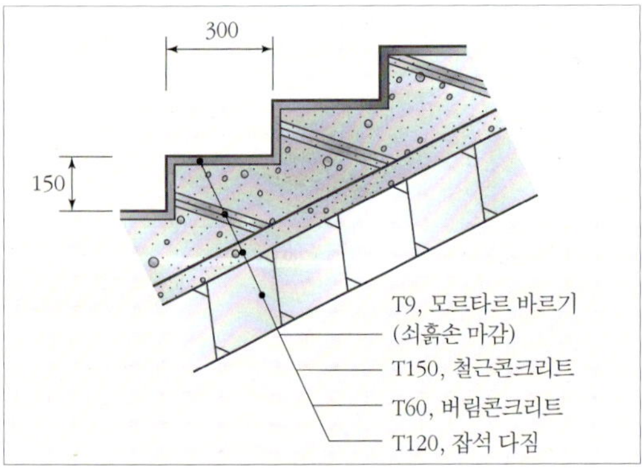

콘크리트 계단 시공 단면

콘크리트 계단은 부지조건에 따라 다양한 형태로 만들 수 있으며 구조적으로 튼튼하고 경제적이지만, 시공이 다소 복잡하다는 단점이 있다.

도구

삽, 수평계, 끈, 줄자, 망치, 톱

재료

콘크리트, 이형철근이나 와이어메시, 합판, 각재, 못

터파기 및 합판 설치

① 계단의 설치 폭보다 조금 넓게 계단 형태로 터파기하고 다진다.

② 터파기한 양쪽 끝단에 수직으로 넓은 합판을 설치하고 바깥쪽에 버팀목을 대고, 합판의 안쪽에 답면과 단을 표시한다.

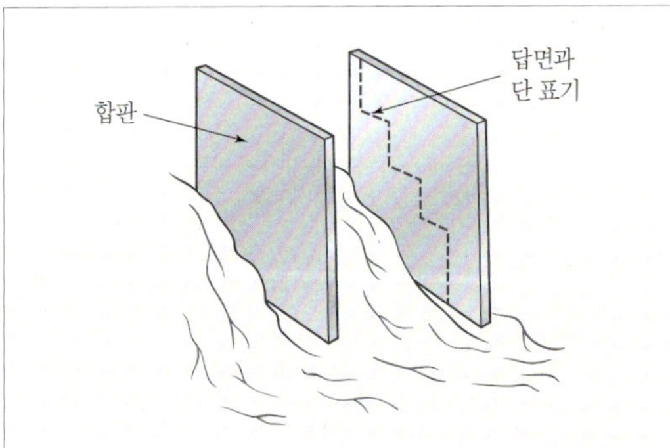

합판 설치

잡석 다짐 및 버림콘크리트 타설

① 잡석을 15~20cm 정도 두께로 깔고 다진다.

② 버림콘크리트를 6cm 두께로 타설한다.

와이어메시나 이형철근 설치

구조적으로 필요하다면, 와이어메시나 이형철근을 계단의 단면과 일치되도록 구부려 설치한다. 이때 와이어메시나 이형철근은 바닥에 닿지 않게 해야 한다.

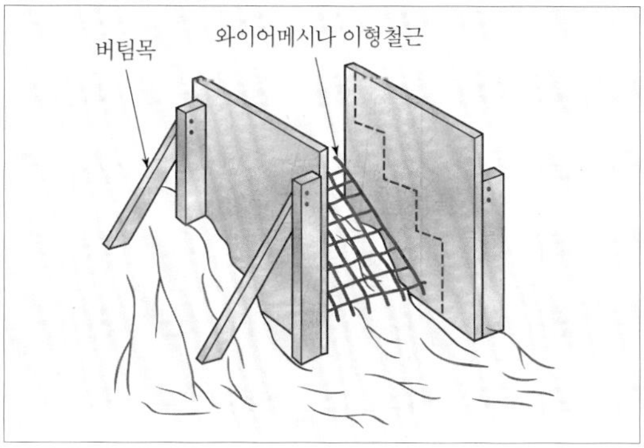

와이어메시 설치

거푸집 설치

거푸집을 만들 때 사용되는 합판의 길이는 계단의 폭과 정확하게 일치해야 하고 합판의 너비는 단의 높이보다 다소 길어야 하며, 미리 합판에 표시한 단 선과 일치하도록 수직으로 설치한다.

거푸집 설치

조임대 및 쐐기 설치

계단의 폭이 1m가 넘을 때는 단의 거푸집 사이를 고정하기 위해 중간에 조임대를 설치하고 거푸집의 바깥쪽면 모서리에 쐐기를 설치하여, 콘크리트 타설 및 양생 과정에서 발생할 수 있는 거푸집의 변형을 방지해야 한다.

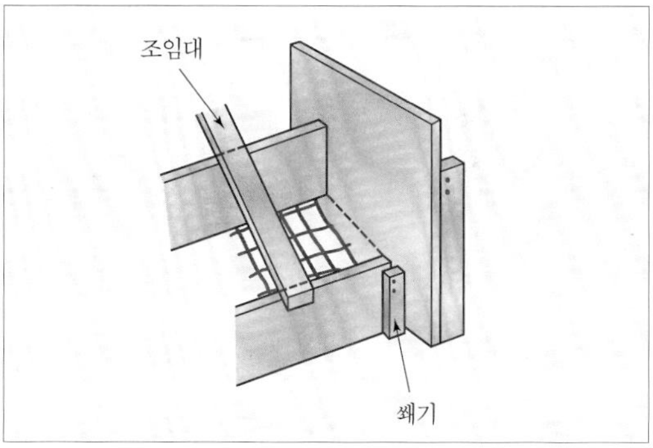

조임대와 쐐기 설치

콘크리트 타설과 표면 마감

① 콘크리트를 타설할 때는 콘크리트의 압력에 의해 거푸집이 손상되지 않도록 조심스럽게 채우고 다진다.

② 콘크리트를 노출마감할 때는 거푸집과 접촉되는 면을 충분히 다져, 수직면을 보기 좋게 마감한다.

③ 답면은 콘크리트 타설 후 1시간 정도 지난 후에 흙손을 이용하여 평활하고 곱게 마감한다. 마감할 때는 배수를 위해 바깥쪽으로 경사를 약 2% 준다.

콘크리트 양생

① 콘크리트는 타설 후 7일간 거적이나 가마니를 덮어 수분을 유지하며 양생한다.

② 콘크리트가 충분히 양생되면 거푸집을 해체하고 이물질을 제거한 후 주변의 지형을 복원한다.

주의사항

① 거푸집 변형을 방지하기 위해 콘크리트를 서서히 타설한다.

② 콘크리트 비비기에서 타설까지의 모든 과정은 1시간 이내로 하는 것이 좋으며, 적어도 2시간 이내에 작업을 마쳐야 한다.

③ 콘크리트 타설 중 충분히 다져서 콘크리트 내부에 빈틈을 없애고, 거푸집 · 철근 등의 매설물 주변 구석구석까지 빈틈없이 밀착되게 한다.

콘크리트 손비빔

콘크리트 손비빔은 작업이 간단하고 이동하기 쉬운 장점이 있으나 비빔의 균질도가 부정확하고 양이 적어 공사량이 적거나 균질도로 인한 강도가 크게 문제되지 않는 정원공사와 같은 소규모 공사에 사용된다. 손비빔을 하는 콘크리트의 배합은 보통 부피를 기준(용적배합)으로 하며, 작업과정은 다음과 같다.

① 배합비에 따라 필요한 재료량을 계량한다.

② 비빔용 철판을 수평한 곳에 놓고, 먼저 계량한 모래를 붓고 그 위에 시멘트를 고르게 분포하도록 붓는다.

③ 물을 붓지 않은 상태에서 각형 삽으로 색깔이 균일해질 때까지 충분히 비벼준다.

④ 사용할 물의 70% 정도까지 조금씩 부으면서 혼합물의 색깔이 균일해질 때까지 충분히 비벼 모르타르를 만든다. 물을 부으면서 비빌 때에 물이 혼합물 밖으로 흘러나가지 않도록 조심한다.

⑤ 모르타르를 펼쳐 놓고 자갈을 넣은 다음, 나머지 물을 부으면서 3~4회 혼합하여 균질한 색깔이 되도록 한다.

침목 및 목재 계단

침목이나 목재 계단은 시공하기 쉽고, 자연스러운 분위기를 연출할 수 있어 많이 시공된다.

침목 계단

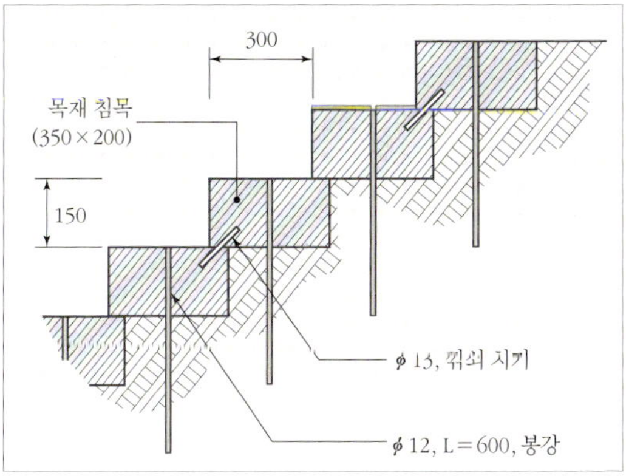

침목 계단 시공 단면

도구

삽, 수평계, 망치, 다짐기, 해머, 끈, 줄자, 망치

재료

침목이나 방부목, 봉강, 볼트, 나무껍질이나 콩자갈, 철사

터파기 및 첫째 단 설치

① 침목을 설치할 곳을 터파기하고 지반을 다진 후 기층재를 포설하여 재차 다진다.

② 봉강이나 볼트를 이용하여 침목을 세 개 정도 연결해 첫째 단을 놓고, 첫 단의 첫째 침목에 구멍을 세 개

첫째 단 설치

뚫어 길이 60cm 정도의 봉강을 박아서 고정한다.

둘째 단 설치

① 둘째 단을 설치하기 위해 첫째 단의 뒤쪽 윗부분을 터파기하고 둘째 단을 설치한다.

② 둘째 단의 맨 앞 침목과 첫째 단의 맨 뒤쪽 침목을 겹친 후 이 둘을 관통하는 구멍을 세 개 뚫어 여기에 쇠막대를 박아서 지반에 고정한다.

둘째 단 설치

나머지 단 설치

이러한 방법으로 나머지 단을 계속해서 설치해 계단을 완성한다.

● 테라스형 침목 계단

경사가 완만한 곳에는 침목을 이용하여 계단의 너비를 넓게 한 테라스형 침목 계단을 설치하면 좋다.

① 침목을 땅에 고정하기 위해 상부면에 두세 개의 구멍을 뚫는다.

② 경사지의 제일 낮은 곳에 침목을 설치하기 위한 터파기를 한다.

③ 터파기한 곳에 침목을 설치하고 구멍에 길이 60cm 정도의 봉강을 박아 침목을 고정한다.

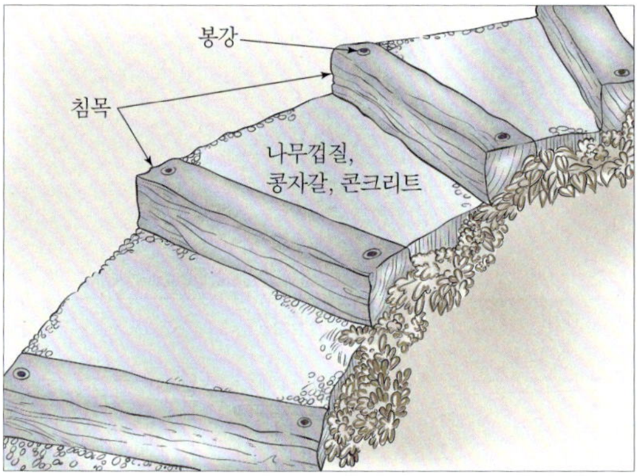

테라스형 침목 계단

침목 설치

흙 깔고 다지기

④ 터파기한 흙을 침목 뒤에 펴서 깔고 다진다.

⑤ 이러한 방법으로 전체 단을 완성한다.

⑥ 계단이 완성되면 여기에 잔디를 심거나 콩자갈, 나무껍질 등을 포설하여 자연스러운 분위기를 연출해도 좋다.

● 테라스형 원목 계단

테라스형 침목 계단과 유사하지만 원목을 사용함으로써 더욱 자연스러운 분위기를 연출할 수 있으며, 자연에서 재료를 쉽게 얻을 수 있다.

① 원하는 높이로 흙을 터파기하고 계단의 양쪽 끝에 나무말뚝이나 이형철근을 박는다.

② 나무말뚝에 통나무 원목을 대고 긴 못으로 고정하거나 미리 뚫어놓은 구멍에 볼트를 끼워 고정한다. 만약 이형철근을 박았다면 철사로 통나무 원목을 2~3회 동여매 고정한다.

③ 이러한 방법으로 낮은 쪽에서부터 높은 쪽으로 통나무 원목을 설치해나간다.

④ 통나무 원목 설치가 끝나면 각 단의 아래쪽에 기층재를 깔고 다진 다음 위쪽에 콩자갈, 나무껍질 등을 포설하여 자연스러운 분위기를 연출한다.

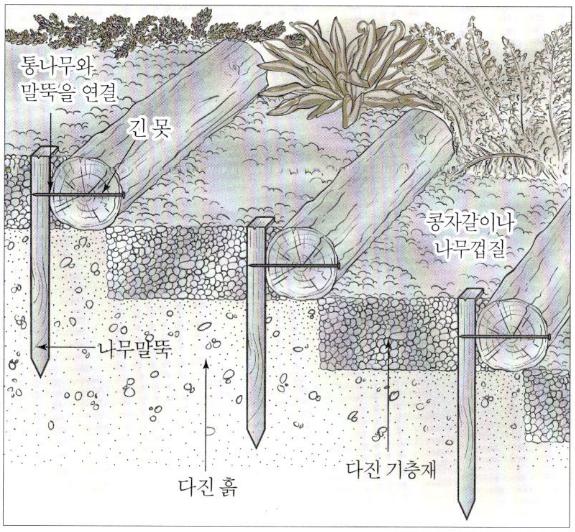

테라스형 원목 계단

☞ 주의사항

① 침목은 흔들리지 않도록 지반과 단단히 연결하고, 단과 단을 긴밀히 결속해야 한다.

② 침목은 낮은 곳에서 높은 곳으로 땅을 깎아내면서 설치하는 것이 작업하기 편리하고 마감하기에 좋다.

점토벽돌 계단

점토벽돌을 이용하여 계단을 만들면 미려하고 다양한 패턴을 효과적으로 연출할 수 있다. 그러나 시공하기 어렵고 동해에 의해 벽돌이 파괴되는 등 여러 가지 문제가 발생할 수 있으므로 주의해야 한다.

점토벽돌 계단

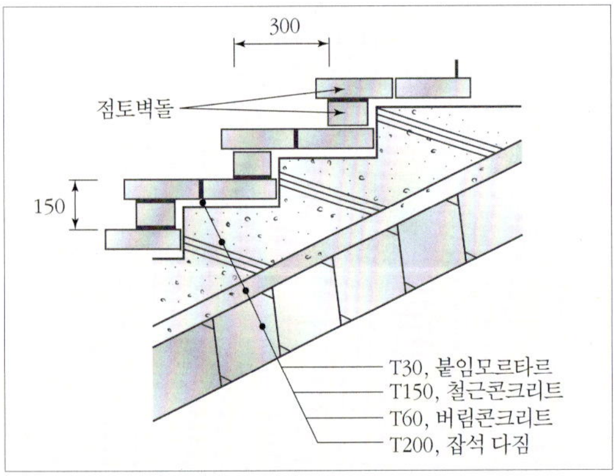

점토벽돌 계단 시공 단면

도구

삽, 수평계, 다짐기, 해머, 줄, 줄자, 망치, 고무망치

재료

점토벽돌, 콘크리트, 모르타르, 와이어메시, 잡석

터파기 및 다짐

① 계단을 설치할 곳을 터파기하고 다진다.

② 여기에 15~20cm 정도 두께로 잡석을 포설하고 다진다.

기초와 점토벽돌 설치

① 터파기해 다진 곳에 와이어메시를 깔고 거푸집을

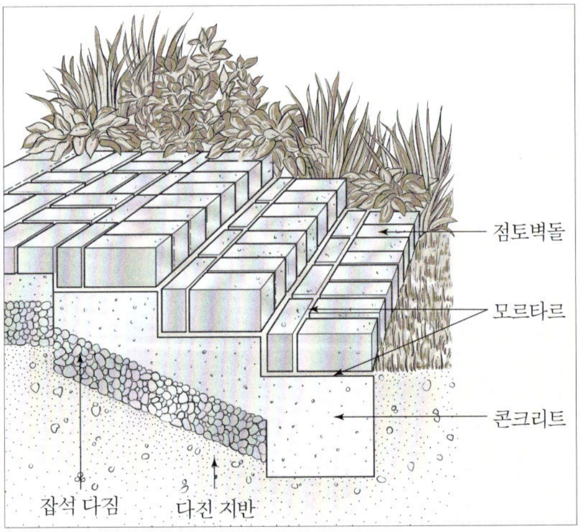

점토벽돌 계단 시공의 후 모습

설치한 후 10cm 정도 두께로 콘크리트를 타설하여 양생한다.

점토벽돌 놓기

① 콘크리트 기초 위에 돌출된 부분이나 이물질을 제거한다.

② 점토벽돌을 놓을 마감높이를 표시하기 위해 벽돌의 바깥쪽 경계부에 기준실을 설치한다.

③ 콘크리트 기초 위에 붙임모르타르를 3cm 두께로 고르게 바르고 기준실에 맞추어 벽돌을 설치한다. 이때 수직면을 먼저 시공하고 난 후 바닥면을 시공한다.

④ 벽돌은 틈이 생기지 않게 바싹 붙여서 설치하거나 10mm 줄눈 간격을 둘 수 있다.

⑤ 줄눈을 두었을 때에는 벽돌이 튼튼하게 고정된 후 줄눈에 모르타르를 채워 마감하고 현장을 정리한다.

☞ 주의사항

① 점토벽돌을 설치한 후 외부에서 충격이 가해지지 않도록 7일 이상 보호해야 한다.

② 점토벽돌에 모르타르가 묻지 않도록 주의한다.

콘크리트 블록 계단

점토벽돌 계단과 시공 과정이 유사한 것으로는 콘크리트 블록 계단이 있다. 조립식 콘크리트 블록 계단은 품질이 뛰어나고 가격이 저렴하기 때문에 점차적으로 사용이 늘고 있으며, 콘크리트 블록 옹벽과 함께 사용하면 효과적이다. 조립식 블록의 형태, 규격, 설치 방법은 제품별로 다르기 때문에 제품생산회사의 설명서를 참조하여 시공해야 한다.

자연석 통석 계단

자연석은 대부분 자체 무게로써 고정되므로 별도로 잡석이나 콘크리트 기초를 설치하지 않아도 된다. 작업에 많은 노력이 필요하지만, 자연석 주변에 초화류를 적절히 식재하여 자연스런 정원 분위기를 연출하기에는 효과적이다.

자연석 계단

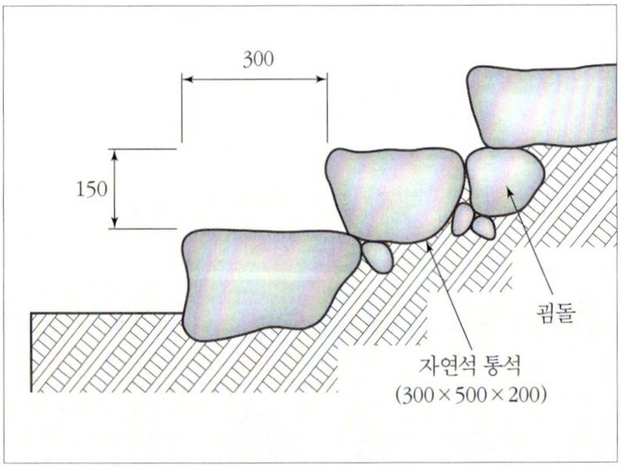

자연석 계단 시공 단면

도구

삽, 망치, 목대, 보호장갑

재료

자연석, 관목, 초화류

터파기

① 자연석을 쌓고자 하는 곳의 제일 아랫단부터 시작하여 지표면을 20~30cm 정도 터파기한다.

② 지반이 약하여 침하 우려가 있어 구조적으로 보완이 필요할 때에는 잡석이나 콘크리트 기초를 보강할 수 있다.

자연석 계단 놓기

① 터파기한 곳에 자연석 통석의 넓은 면이 위로 오게 놓으면서 굄돌로 뒤를 괴고 뒤채움을 하여 튼튼하게 고정한다.

② 다음 돌을 앞 돌과 일정부분 물리게 놓는다.

③ 이러한 방법으로 전체 자연석 계단에 통석을 배치한다.

관목 및 초화류 식재

① 자연석 계단 놓기가 끝나면 돌과 돌 사이에 흙을 충분히 채우고 관목이나 초화류를 식재한다.

② 식물의 생육을 위해 토양에 유기질 비료를 첨가해도 좋다.

자연석 통석 계단

주의사항

① 돌의 운반 및 놓기작업을 하는 데에는 큰 힘이 필요하지만, 무리하게 힘을 주지 않게 주의하고, 인력으로 작업하기 어려울 때에는 백호우 등의 장비를 이용해 시공하는 것이 좋다.

② 작업규모가 클 때에는 숙련된 기술과 노력이 필요하므로 전문가의 도움을 받는 것이 바람직하다.

데크

데크는 사람들의 휴식 및 식사 등 활동을 돕기 위해 정원에 설치하는 시설이다. 형태는 사각형 · 육각형 · 팔각형 등으로 다양한데, 주택 및 정원의 형태를 고려해 결정한다. 정원에서 데크는 현관과 대문 사이, 주정의 중심, 주방 옆, 연못이나 수영장 주변 등에 설치한다. 대부분 계단 · 난간 · 벤치 · 탁자 등 다양한 시설과 함께 설치되는데, 공정이 복잡해 작업이 어려우므로 설치할 데크 규모가 크고 복잡할 때에는 전문가의 도움을 받는 것이 좋다.

데크 설치

옥상정원의 데크

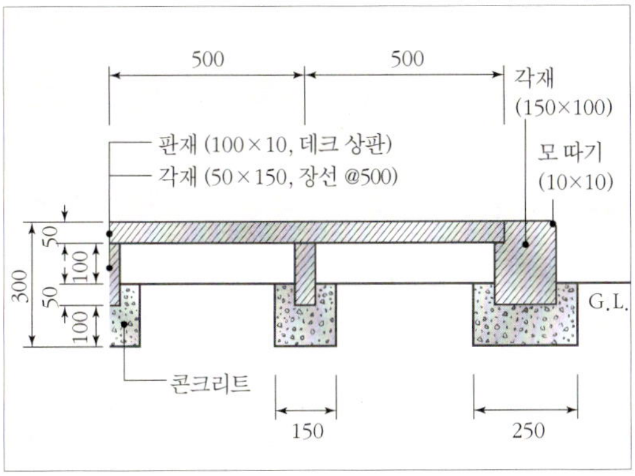

데크 시공 단면

도구

삽, 수평계, 줄, 줄자, 망치, 톱, 스패너, 사포

재료

방부목, 콘크리트, 철재 못, 아연도금 못, 스크루 나사, 볼트, 연결철물, 착색제, 퍼티*putty*, 폴리에틸렌 망, 자갈

부지 준비

● 배수

평탄하지만 습한 곳이나 급경사 지역으로 강우에 따른 침식이 우려되는 곳에 데크를 설치할 때는 별도로 배수시설을 설치해야 한다. 배수는 부지 정지작업만으로도 가능하지만 맹암거나 개수로를 설치해도 좋다.

● 잡초 제거

데크 하부에서 식물이 자라지 못하게 사전에 식물을 제거해야 한다. 잡초를 제거한 후에는 폴리에틸렌 망이나 자갈을 깔면 잡초의 생육을 막을 수 있어 좋다.

기초

① 기초는 데크의 하중을 지탱하고 침식이나 기움, 바람에 의한 전도나 이동을 방지하기 위해 설치한다. 또

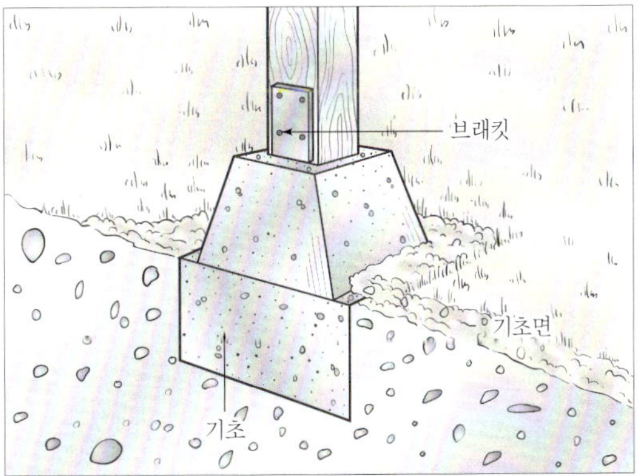

기초 매설

한 데크에 사용되는 목재는 물에 의해 쉽게 변형 또는 부패되므로 기초를 설치하면 데크 기둥과 흙이 직접 만나지 않게 할 수 있다.

● 기초 위치 설정

① 기초는 동결융해로 인해 피해를 방지하기 위해 동결선 이하에 설치해야 한다.

② 기초의 위치를 결정하기 위해 건물의 벽면에 가로장목을 대고 나서 데크의 모서리 부위를 결정한다. 데크를 벽면에 연결하지 않고 독립적으로 설치할 때에는 각 모서리 부위에 기초를 설치한다.

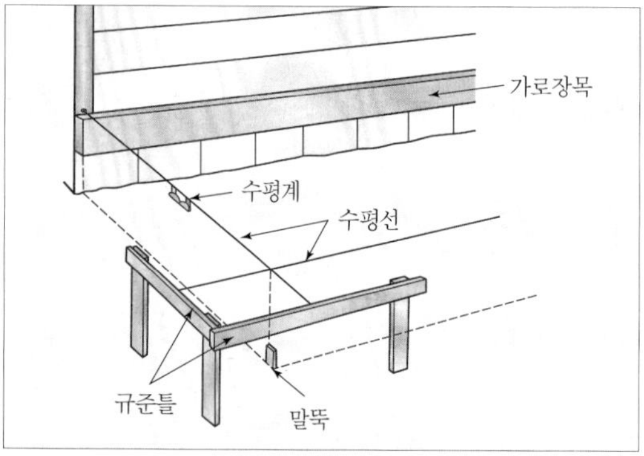

수평 규준틀 설치

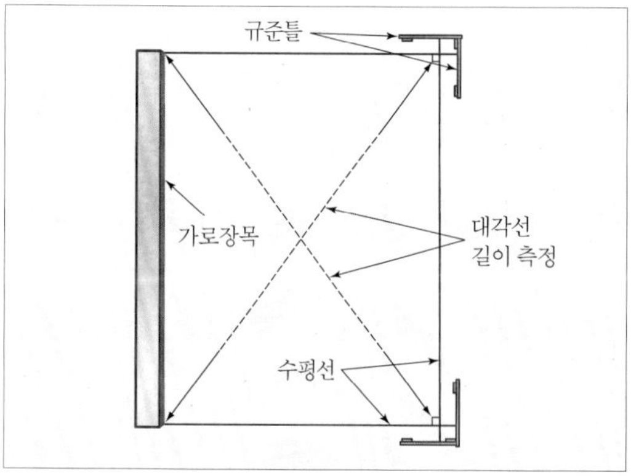

대각선 길이 확인

③ 데크의 모서리가 직각일 때에는 직각삼각형 변의 길이비율을 이용하여 가로장목의 한쪽 끝에서부터 데크 모서리까지의 거리를 측정하고 정확한 위치에 말뚝을 설치한다. 이러한 방법으로 다른 모서리에도 말뚝을 설치한 다음 대각선 거리를 측정하여 계산값과 동일한지를 확인함으로써 말뚝이 직각선상에 있는지를 알 수 있다.

④ 말뚝 설치가 끝나면 수평규준틀을 각 말뚝 주변에서 50cm 떨어진 곳에 설치한다.

⑤ 가로장목의 끝단에 못을 박고 말뚝 위를 지나는 지시선을 수평규준틀로 연결한다. 반대편 규준틀에도 동일한 줄을 띄운다.

● 기초 설치

① 터파기를 하고 지반을 충분히 다진 후, 잡석을 넣고 재차 다진다.

② 목재나 철재 또는 폴리에틸렌 망으로 만든 거푸집을 이용하여 현장 비빔 콘크리트를 타설하거나 프리캐스트 콘크리트를 넣어 기초를 설치한다. 이때 기둥을 연결할 수 있게 앵커를 함께 설치해야 한다.

③ 콘크리트 기초와 기둥을 연결하기 위해서는 직접매립형이나 앵커연결형을 사용할 수 있다. 직접매립형은 콘크리트 타설 전에 거푸집에 기둥을 세워 놓아야 하므로 작업이 어려우며, 설치 후에는 목재기둥이 흙과 직접 접촉하므로 기둥이 조기에 부패할 수 있다. 한편 앵커연결형은 기초에 앵커를 연결하여 목재의 부패를 예방할 수 있는 발전된 방법으로 콘크리트 타설 전에 미리 앵커를 삽입해야 한다.

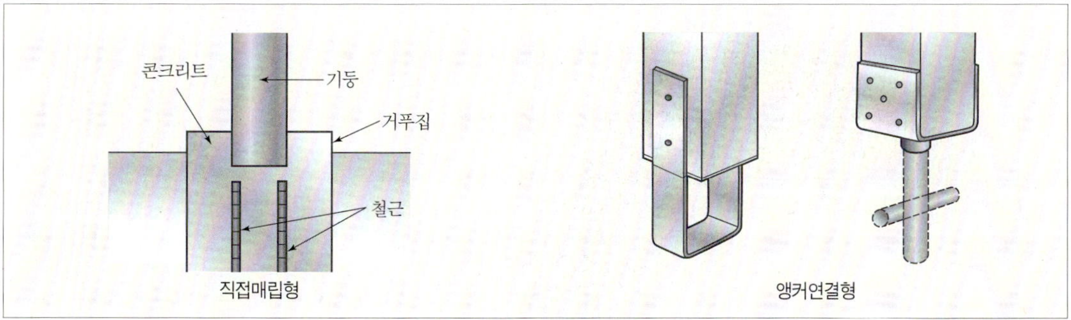

콘크리트 기초와 기둥 연결

기둥과 보 설치

●기둥 설치

① 기초나 앵커 위에 기둥을 수직으로 세우기 위해 기둥 2면의 수직 여부를 점검하고 지지대로 고정한다.

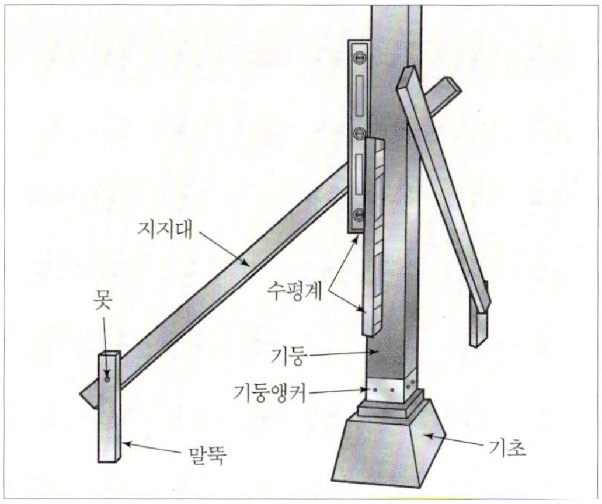

기둥 설치

●기둥 높이 측정

① 한 기둥 위에 높이를 표시한 다음 수평선을 띄워서 다른 기둥의 동일한 높이에 표시한다.

② 절단면이 수평을 이룰 수 있도록 동일한 높이로 절단한다.

●보 설치

보는 데크의 상부하중을 기둥으로 전달하는 중요한 역할을 하는 수평부재이다. 따라서 보와 기둥을 연결하는 것은 구조적으로 매우 중요하다.

① 기둥의 꼭대기에 보를 얹고 수평을 유지하는지 검사한 후 기둥에 고정한다. 만약 수평이 아니라면, 기둥과 보 사이에 판을 삽입해서 높이를 조정한다.

② 보를 고정하기 위해서는 못·볼트·스크루 나사·연결철물을 이용할 수 있는데, 못은 사용하기 편리하지만 구조적으로 튼튼한 데크를 만들기 위해서는 볼트 및 스크루 나사, 연결철물을 사용하는 것이 좋다.

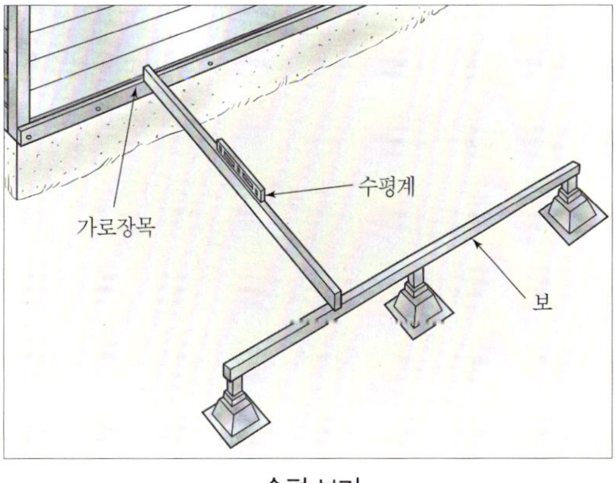

수평 보기

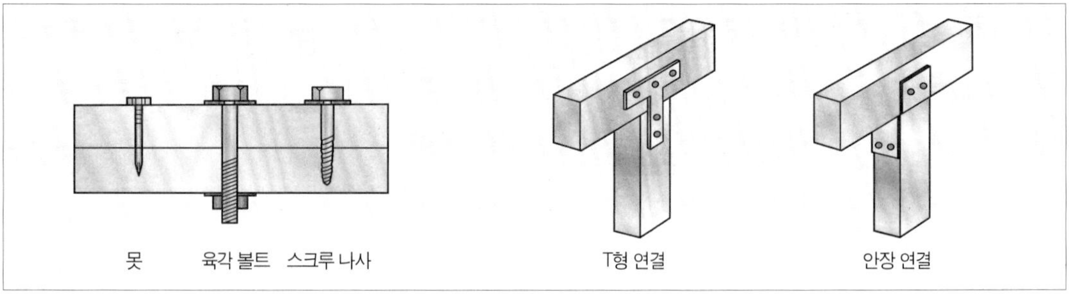

연결재

● 장선 설치

① 보 위에 40～60cm 간격으로 장선을 설치·고정한다.

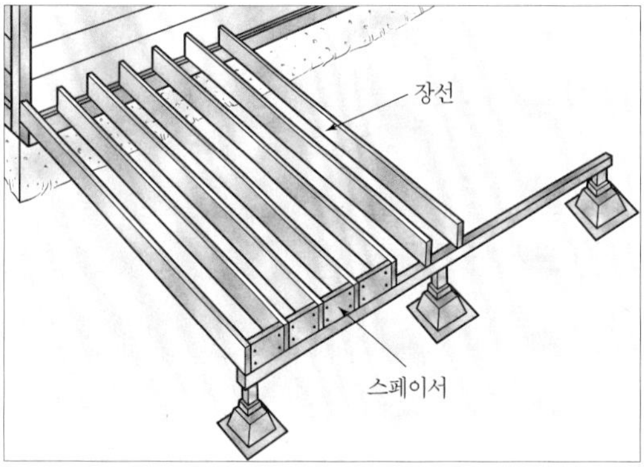

장선 설치

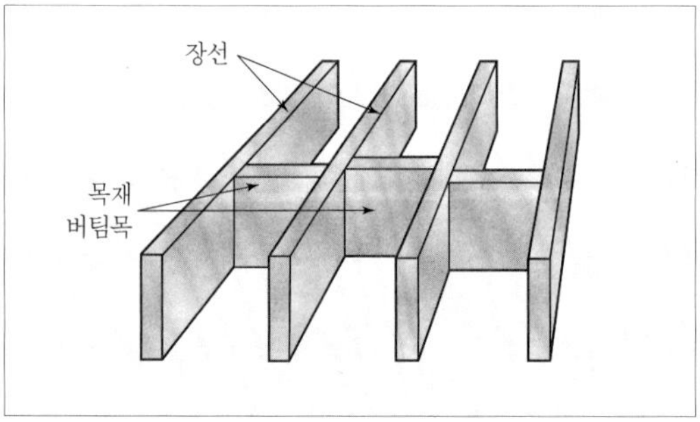

버팀목이나 스페이서 고정

② 장선이 휘거나 찌그러지지 않도록 사이에 목재 버팀목이나 스페이서를 삽입해 못으로 고정한다.

● 데크 표면 설치

하부 구조물이 완성되면 데크 표면을 설치한다. 데크의 표면 패턴은 사용하는 각재의 규격에 따라 달라지므로 다양한 패턴을 연출할 수 있는데, 모로 세우거나 평평하게 하는 것이 대표적인 방법이다. 일반적으로 같은 목재를 사용할 때는 평평하게 할 때 재료의 경제성이 높지만 쉽게 변형되거나 파괴되는 단점이 있다. 모로 세울 경우에는 이와 반대 특성을 갖는다.

① 목재를 고르게 배열한다. 이때 수축, 비틀림에 의

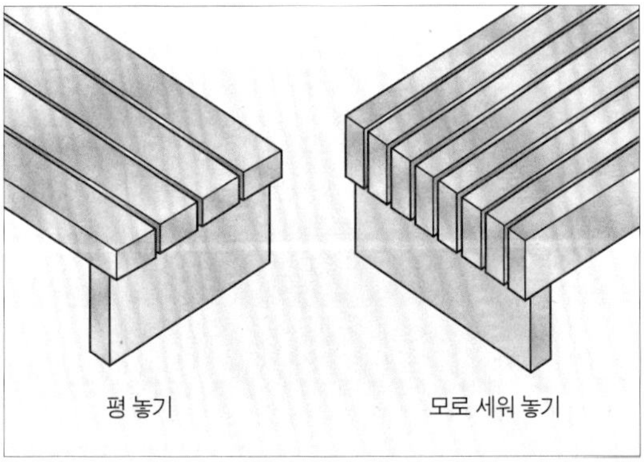

데크의 표면 패턴

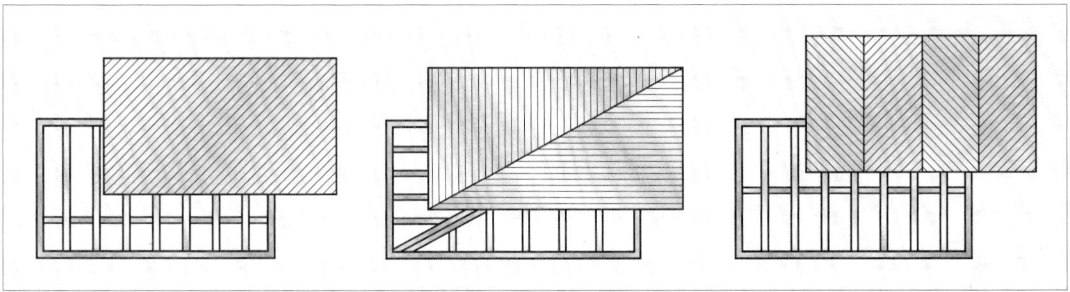

데크의 여러 가지 바닥 패턴

해 간격이 많이 벌어지는 것을 방지하기 위해 목재 간 간격은 3mm 이하로 한다.

② 목재를 고정하기 위해 아연도금 못이나 스크루 나사못을 부위당 두 군데 이상 수직으로 오목하게 박는다. 지나치게 건조된 목재는 못을 박을 때 갈라질 수 있으므로 이때는 사전에 작은 구멍을 뚫고 못치기를 하면 효과적이다.

③ 만약 목재의 크기가 침목처럼 클 때에는 볼트를 사용해 고정할 수 있다. 이때 볼트의 상부구멍은 매립하거나 뚜껑을 씌우면 깨끗하게 마감할 수 있다.

④ 목재의 길이가 데크보다 길 때에는 남는 부분을 톱

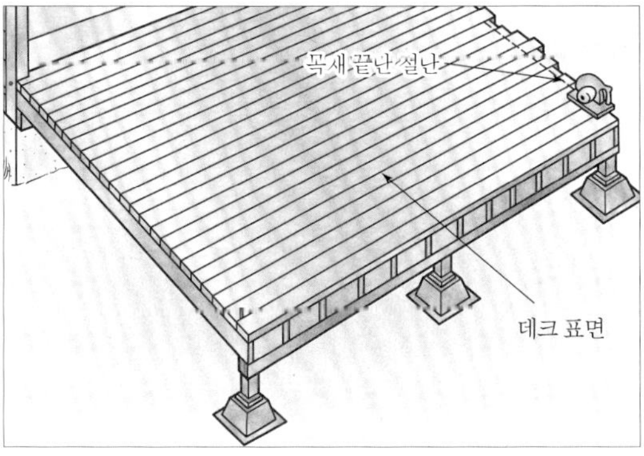

데크 표면 설치

으로 깨끗하게 절단한다.

⑤ 설치 후 목재가 갈라진 부분은 퍼티로 충진하고 거스러미는 사포질을 하여 깨끗이 마감하는데, 필요에 따라 충분히 건조한 후 착색제를 칠해도 좋다.

☞ 주의사항

① 충분히 건조되고 방부 처리된 목재를 사용해야 한다.

② 기둥의 높이가 1.5m 이상일 때에는 기둥 사이에 버팀대를 대야 한다.

③ 비가 오는 날에는 작업을 하지 말고 목재가 비에 노출되지 않게 한다.

④ 목재를 연결하는 못이나 볼트는 녹이 슬지 않는 것을 사용해야 한다.

⑤ 기둥 높이를 정확하게 결정하는 것은 데크를 만드는 데 중요하다. 만약 기둥의 높이가 정확하지 않으면 보기에 좋지 않을 뿐만 아니라 구조적으로도 안전하지 않아 이용자의 안전과 데크의 수명에 큰 영향을 미친다.

그늘막

우리 선조들은 마을마다 경치 좋은 곳에 정자를 만들어 경관을 감상하거나 휴식을 취하였다. 현대에 들어와서는 퍼걸러, 원두막, 셸터 등이 공원이나 정원에 설치되어 이 역할을 대신하고 있다. 무더운 여름날 그늘이 드리워진 퍼걸러 밑에서 아름다운 자연 경치를 감상하며 쉬는 경험은 정원에서 얻을 수 있는 큰 즐거움이다.

퍼걸러

퍼걸러, 원두막, 셸터는 데크와 비슷한 과정을 거쳐 만들 수 있다. 그러나 사다리를 타고 올라가 지붕 같은 높은 곳에서 작업해야 하는 어려움이 있으므로 안전에 주의해야 한다. 이러한 시설을 만들기 위해 필요한 부지 준비, 기초, 목재 연결과 조립에 관련한 사항은 데크 항목을 참조하기 바란다.

퍼걸러

도구

삽, 수평계, 끈, 줄자, 망치, 톱, 렌치, 롤러

재료

방부목재, 상부 덮개 재료(목재, 갈대발, 대나무발, 플라스틱 패널, 막 등), 콘크리트, 못, 스크루 나사, 볼트, 연결철물, 콜타르 · 스테인 등의 방부처리제

기둥 높이 측정

기둥의 높이를 정확하게 결정하는 것은 퍼걸러를 만드는 데 중요하다. 만약 기둥의 높이가 부정확하면 구조적으로 불안전하고 미관상 불쾌감을 준다.

① 세우고자 하는 기둥을 220~260cm 정도의 동일한 길이로 절단한다. 이때 기둥의 절단면이 수평을 이루게 해야 한다.

기둥 설치

① 기초나 앵커 위에 기둥을 세우기 위해 먼저 기둥에 인접한 두 면의 수직 여부를 점검하고 지지대로 고정한다.

② 기초나 앵커에 못이나 스크루 나사를 박아 기둥을 고정한다. 때로는 볼트를 사용할 수도 있다.

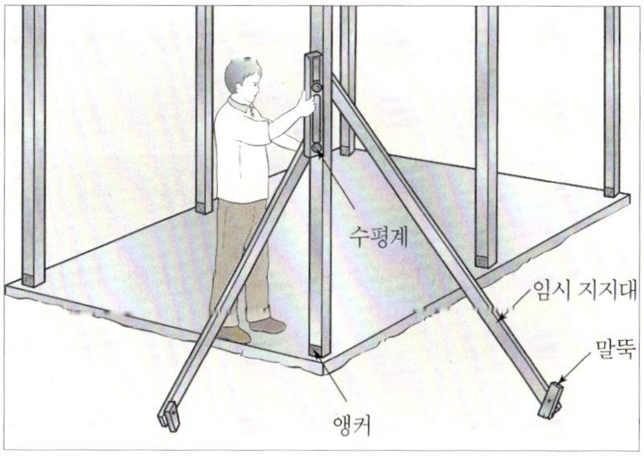

수직으로 기둥 세우기

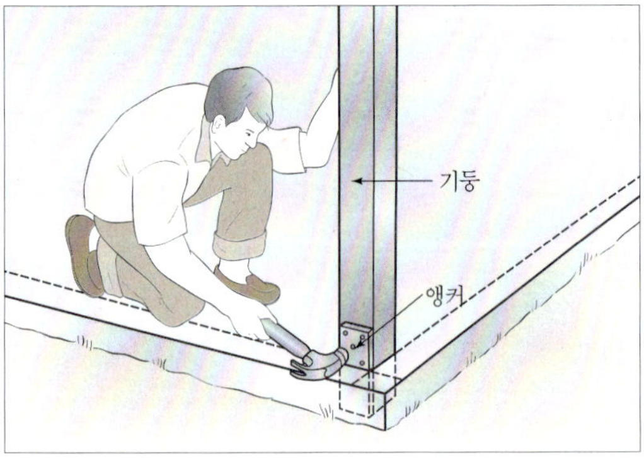

기둥 고정

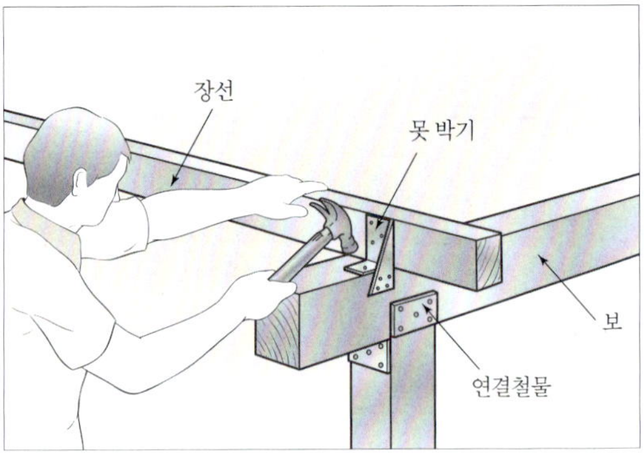

장선 설치

보 설치

① 기둥의 꼭대기에 보를 얹고 수평을 유지하는지 검사한 후, 못이나 볼트로 고정한다. 만약 높이가 맞지 않으면 기둥과 보 사이에 판이나 쐐기를 삽입하여 조정한다.

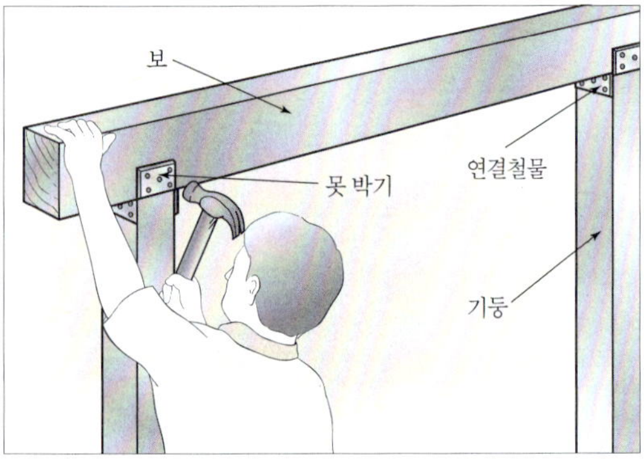

보 설치

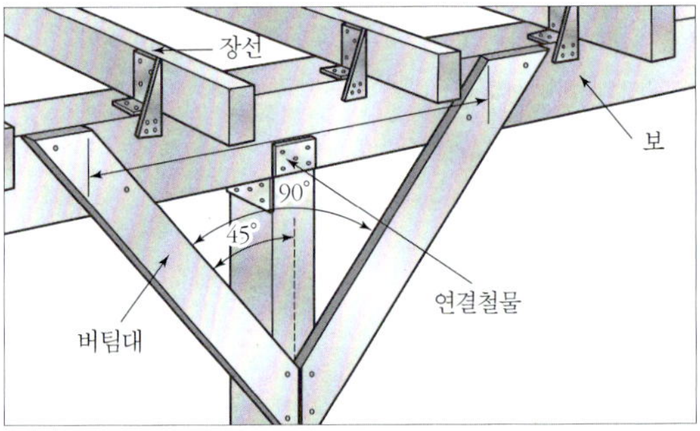

버팀대 설치

② 구조적 안정성을 높이기 위해 보와 기둥 사이에 45°로 버팀대를 대도 좋다.

장선 설치

① 보 위에 40～60cm 간격으로 장선을 설치하여 고정한다. 이때 별도로 상부 덮개를 설치하지 않는다면 장선의 간격을 20cm까지 좁혀야 한다.

상부 덮개 설치

퍼걸러의 상부는 다양한 재료로 마감할 수 있다. 재료를 선정할 때는 기후·비용·시공방법·유지·관리를 복합적으로 고려해야 하며, 이용자가 만족할 수 있어야 한다.

상부 덮개로는 보통 목재·갈대발·대나무발·플라스틱 패널·플라스틱 막 등이 사용되고 있으나, 정원에서는 등나무나 포도덩굴 같은 식물을 이용하여 자연스럽게 퍼걸러의 상부를 덮는 것도 좋다.

주의사항

① 기둥은 설치 후 지지 말뚝으로 고정하고 기초콘크리트가 완전히 양생되어 고정될 때까지 외부 충격에 흔들리지 않도록 보호해야 한다.

② 기둥과 보, 장선은 위치, 높이, 수직 여부 등을 주의 깊게 점검해야 한다.

③ 방부 처리되었거나 부패에 대한 저항성이 높은 목재를 사용해야 한다.

④ 높은 곳에서 작업할 때는 안전에 주의해야 한다.

⑤ 지표면에 바로 접하여 부패하기 쉬운 목재기둥 부위는 목재 방부처리나 콜타르 도포 등 방부조치를 해야 한다.

⑥ 이용자의 안전을 위해 각 부재의 모서리는 반구형으로 모 따기를 한다. 또한 부재를 연결하는 볼트머리 부분은 돌출되지 않도록 묻거나 구멍을 매립하거나 캡을 씌운다.

막구조 퍼걸러

최근 퍼걸러는 대부분 공장에서 제작된 기성품을 설치하므로 정원에서는 터파기와 기초콘크리트를 치고 조립하는 과정을 거쳐 손쉽게 마감할 수 있다. 또한 PTPE, PVF, PVDR 등 합성수지 막을 사용하여 조형성이 있는 퍼걸러를 만들기도 한다.

원두막

원두막은 경사형 지붕이 있어 비와 햇볕을 피할 수 있는 시설물이다. 퍼걸러, 셸터와 비슷하지만 마루가 설치되어 있어 앉아서 휴식할 수 있으며, 난간을 만들 수도 있다.

원두막

도구

삽, 수평계, 끈, 줄자, 망치, 톱, 스패너, 롤러

재료

방부목재, 아스팔트 싱글, 아스팔트 프라이머, 콘크리트, 못, 스크루 나사, 볼트, 연결철물, 스테인

기둥 규격

① 기둥의 두께는 상부 지붕의 하중을 고려하여 20cm 이상으로 하며, 처마 높이가 2.5~3m 정도가 되도록 기둥 높이를 조절한다.

② 세우고자 하는 기둥을 절단면이 수평이 되도록 하여 동일한 높이로 절단한다.

기둥, 마루, 계단 설치

① 원두막 기둥의 설치 과정은 퍼걸러와 비슷하지만, 기둥의 꼭대기가 아니라 30~50m 높이에 마루를 설치하므로 마루를 짜고 마루와 기둥을 연결하기 위한 별도의 구조가 필요하다.

② 원두막이 사각형일 때에는 데크 표면을 설치하는 과정과 똑같이 진행한다. 만약 평면이 팔각형이라면 여덟 개의 부재가 각진 곳에서 만나게 배열하고 조립한다.

③ 마루에 난간을 설치할 때는 50cm 정도의 높이로 기둥을 세우고 위에 보를 설치한다.

④ 마루로 올라가는 계단은 가급적 5단 이하로 하고 경사가 급하지 않도록 한다. 이때 따로 계단을 만든 다음 마루와 연결하는 것이 편하다.

서까래 설치

① 서까래는 기둥과 보가 만나는 네 개 지점에서 연결하여 원두막의 상단에서 만나게 설치한다.

② 서까래 아래에 끝 부분을 서로 연결하는 사각형의 틀을 만든다.

③ 사각형 틀과 직각으로 서까래를 연결하는 목재를 30~40cm 간격으로 대어 끝을 처마 선에 맞춘다.

④ 이 구조물의 겉면에 내수합판을 대어 지붕의 면을 만든다.

⑤ 집속 부위를 꺾쇠, 띠쇠 등의 목재 연결철물을 이용하여 견고하게 연결한다.

지붕 얹기

● 초가지붕 얹기

① 초가지붕은 볏짚이나 혹은 억센 줄기를 가진 풀을 이용하여 지붕을 덮은 것으로, 슬레이트나 함석보다 열차단 효과가 뛰어나다.

② 지붕을 얹기 위해서는 볏짚을 엮어서 만든 이엉을 밑에서부터 이는데, 처음에는 뿌리 쪽이 밑으로 가게 끔 돌리고 그 위에 이삭 쪽이 밑으로 가게 차례로 이어 간다.

③ 볏짚이 바람에 날리지 않도록 새끼로 얽어맨다.

④ 초가는 단열과 보온성이 우수하지만 여름철에는 벌레가 생기며, 볏짚으로 이은 것은 1~2년 사이에 다시 이어야 하므로 관리하기 어려운 것이 단점이다.

● 아스팔트 싱글 얹기

① 방수재인 아스팔트 프라이머를 솔이나 롤러 등으로 균일하게 바르고 건조한다. 프라이머를 도포한 후에는 비를 맞히거나 장시간 방치하면 싱글이 들뜨거나 접착이 불량해지므로 주의해야 한다.

② 아스팔트 싱글을 상부부터 아래로 겹치면서 접착한다. 이때 철저하게 방수 구조로 접착하여 누수되지 않게 한다.

③ 싱글 한 개당 네 개의 아연 도금 못을 내부로 돌출되지 않게 박고, 못 위에 싱글 시멘트를 도포한다.

☞ 주의사항

① 기둥은 설치 후 지지 말뚝으로 고정하고 기초콘크리트가 완전히 양생되어 고정될 때까지 외부 충격에 흔들리지 않도록 보호해야 한다.

② 기둥, 마루, 서까래의 위치, 높이, 수직 여부를 주의 깊게 점검해야 한다.

③ 방부 처리되었거나 부패에 대한 저항성이 높은 목재를 사용해야 한다.

④ 높은 곳에서 작업할 때는 안전에 주의해야 한다.

셸터

셸터는 정원 안에서 비와 햇볕을 피할 수 있는 그늘막 역할을 한다. 셸터를 만드는 방법은 데크나 퍼걸러와 유사한데, 여기서는 정원에서 간단히 만들 수 있는 셸터를 소개한다.

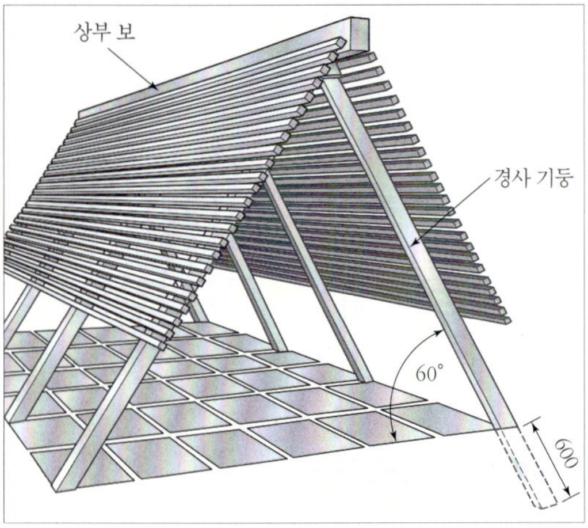

A형 셸터

도구

삽, 수평계, 끈, 줄자, 망치, 톱, 스패너, 롤러

재료

방부목재, 지붕 재료, 콘크리트, 못, 스크루 나사, 볼트, 연결철물, 스테인

● 터파기

A형 셸터를 세울 자리를 터파기한 뒤, 여기에 경사 기둥을 적절한 높이와 경사로 고정하고 콘크리트를 타설한다.

● 보 설치

① 경사 기둥의 상단에 보를 설치하고 보와 경사 기둥을 못을 사용하여 고정한다.

● 측면 목재 설치

① 단면의 크기가 5×5cm인 목재를 지표면에서 1m 정도 띄워 기둥에 5cm 간격으로 보가 있는 곳까지 박아 고정한다.

● 외부 마감 및 정리

① 목재 표면을 스테인이나 페인트로 도장한다.

② 바닥은 원하는 포장 재료를 사용하여 포장한다.

③ 때에 따라서는 덩굴식물을 식재하여 자연스럽게 셸터를 덮게 해도 좋다.

주의사항

① 기둥은 설치 후 지지 말뚝으로 고정하고 기초콘크리트가 완전히 양생되어 고정될 때까지 외부 충격에 흔들리지 않도록 보호해야 한다.

② 기둥과 상부 보의 위치와 높이를 주의 깊게 점검해야 한다.

③ 방부 처리되었거나 부패에 대한 저항성이 높은 목재를 사용해야 한다.

④ 높은 곳에서 작업할 때는 안진에 주의해야 한다.

의자

정원에 설치된 의자는 휴식과 명상을 위한 기능 요소이다. 따라서 정원에 의자를 설치할 위치를 고를 때는 여름에는 그늘이, 겨울에는 햇빛이 들 수 있도록 수목과의 관계를 적절히 고려해야 한다.

또한 의자는 정원을 아름답게 하는 미적 요소이기도 하다. 그래서 우리는 정원에서 목재, 금속재, 석재, 콘크리트, 모자이크 타일, 합성수지 같은 다양한 재료로 만든 아름다운 의자를 쉽게 볼 수 있다.

의자의 종류

의자는 등받이 유무에 따라 등의자와 평의자로 나뉜다. 일반적으로 등의자는 장시간 휴식에 적합해 대부분의 사람들이 즐겨 찾지만, 개인의 취향에 따라 선택할 수 있다. 의자는 다양한 모델이 생산되어 판매되고 있으므로 쉽게 구입할 수 있으나, 비교적 제작하기 쉬우므로 자기만의 독특한 의자를 직접 제작해보는 것도 재미있는 작업이 될 것이다.

기성품 의자

원목 의자

도구

톱, 망치, 끌, 줄자, 전기드릴, 플라이어, 날칼

재료

방부목이나 강재 또는 콘크리트 등 의자를 만들 주 재료, 못, 스크루 나사, 볼트, 캡, 퍼티, 사포, 스테인

의자 규격 기준

① 등받이의 각도는 수평면을 기준으로 95～110°가 적당하다.

② 앉음판 높이는 34～46cm가 적당하다.

③ 앉음판 폭은 38～45cm가 적당하다.

④ 팔걸이 높이는 앉음판으로부터 18～25cm가 적당하다.

⑤ 지면에서부터 등받이 끝까지 전체 높이는 75～85cm가 적당하다.

⑥ 의자 다리 간격은 사용하는 목재의 크기에 따라 달라지는데 보통 1～1.5m 정도이다.

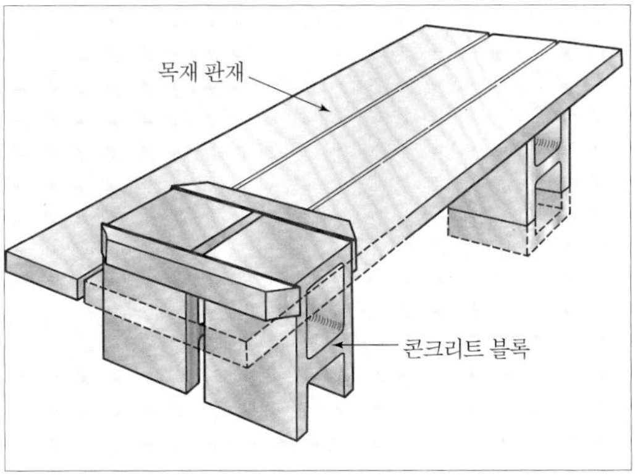

단순형 평의자

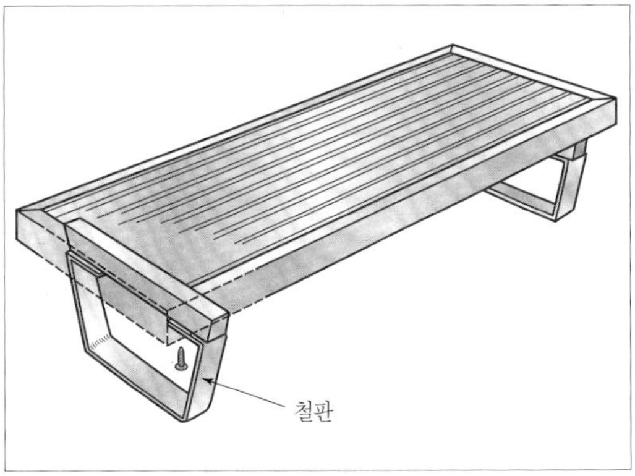

이동식 평의자

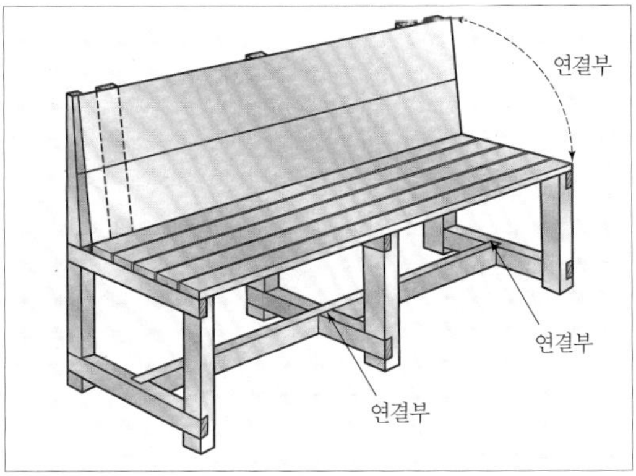

이동식 등의자

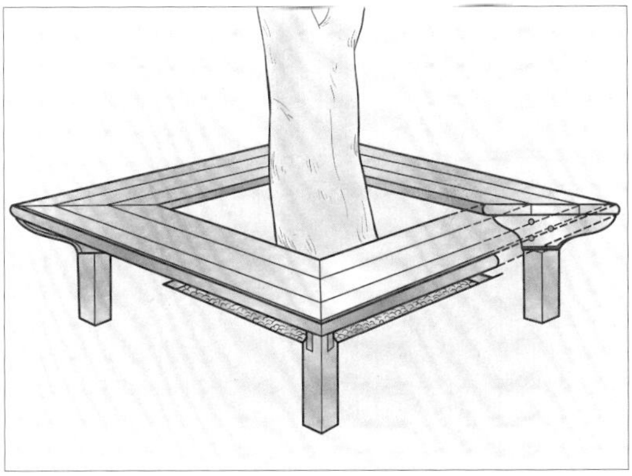

사각 의자

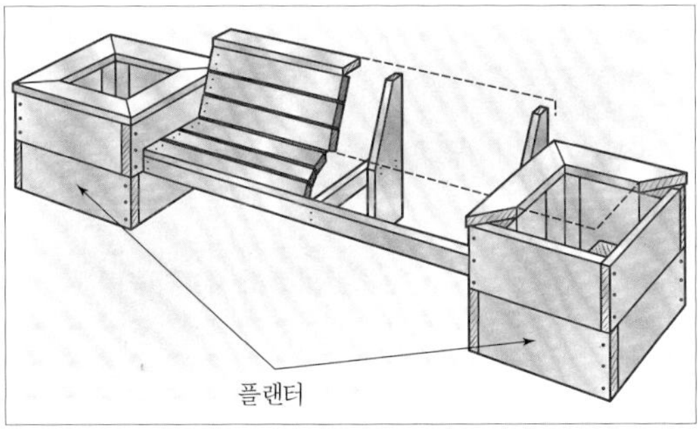

플랜터 겸용 의자

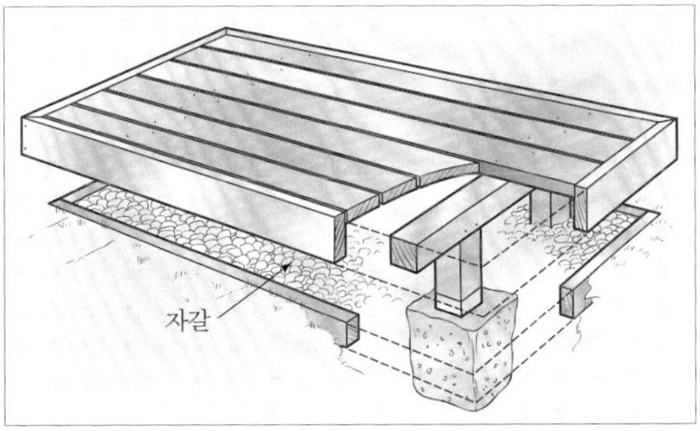

평상

의자의 종류

의자의 설치

재료 선정

의자를 만들 때 사용하는 재료는 목재, 석재, 철재, 플라스틱, 콘크리트 등 매우 다양하다. 이중에서 목재는 가공과 조립이 용이하여 다양한 형태로 쉽게 만들 수 있어 가장 널리 사용된다.

의자 제작

① 의자 다리를 원하는 크기와 형태로 절단한다. 콘크리트 기초에 삽입하려면, 삽입에 필요한 길이와 앉음판의 높이를 적절히 고려해야 한다.

② 다리 홈에 수평으로 버팀목을 대고 볼트와 너트로 고정한다. 사전에 드릴을 이용하여 볼트의 구멍을 일직선으로 뚫어놓아야 한다.

③ 다리를 원하는 간격으로 배치하고 임시로 고정한 후, 앉음판 목재를 정확한 위치에 놓고 못이나 볼트로 고정한다. 이러한 방법으로 목재 간격이 일정한 앉음판을 완성한다. 만약 강재 다리를 사용한다면 사전에 드릴로 목재와 강재에 동시에 구멍을 뚫고 볼트로 조여야 한다. 노출되는 상부에는 캡을 씌우는 것이 좋다.

④ 콘크리트 기초에 설치할 때에는 거푸집 안에 적절한 높이로 의자 다리를 놓은 후, 임시로 고정하고 콘크리트를 타설한다.

⑤ 각 부재의 모서리는 모 따기를 하고 목재 표면이 심하게 갈라진 곳은 목재 퍼티로 충진한다.

⑥ 시각적으로 뛰어나고 의자의 내구성도 높일 수 있게 목재에 적합한 도장재를 칠한다.

특수 의자

● 평상

정원에 그늘을 드리우는 큰 나무가 있다면 바로 아래에 평상을 설치하여 더욱 편안하고 자연스러운 휴식 장소로 만들 수 있다. 수목을 중심으로 그림자가 지는 쪽을

의자 연결

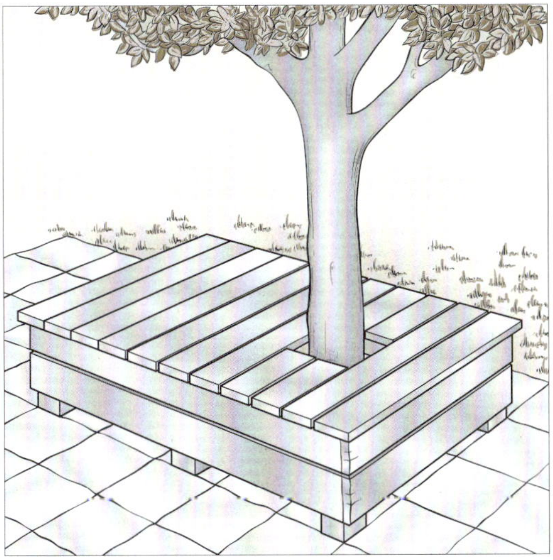

평상

넓게 하여 평상을 설치하고, 수목의 줄기가 있는 부분에는 수목이 생장할 수 있게 여유 공간을 두도록 한다.

● 통나무 의자, 자연석 의자

통나무를 절단하여 세워서 건조한 후, 표면을 부드럽게 처리해서 도장을 하면 정원의 훌륭한 의자가 될 수 있다. 또한 자연석을 알맞은 높이로 배치하여 의자 겸

통나무 의자

용으로 사용하는 것도 자연스러운 정원 분위기를 연출하는 좋은 방법이다.

☞ 주의사항

① 충분히 건조되고 방부 처리가 된 목재를 사용하는 것이 좋다.

② 갈라진 곳이나 거스러미가 없는 목재를 사용하고 손상된 곳은 퍼티로 충진한다.

③ 볼트 구멍은 반드시 충진하거나 캡을 씌운다.

목재 방부제 사용

목재는 퍼걸러 · 의자 · 셸터 등을 만들기 위해 가장 널리 사용되는 재료이지만, 정원과 같은 외부공간에서는 쉽게 부패한다. 이를 방지하기 위해 크롬, 구리, 비소 등 중금속을 섞은 방부제인 CCA 방부처리를 한 목재를 사용하였으나 최근에는 인체에 치명적인 독성 논란이 있어 가급적 사용하지 않고 있으며, 친환경적인 방부제를 사용한다.

연못

연못은 정원의 경치를 아름답게 하는 중요한 요소로서 안정감과 풍요로움을 느끼게 하며, 고요하고 잔잔한 수면이나 생명력 있는 물의 움직임을 통하여 다양한 감정을 느끼게 해준다. 최근에는 다양한 물고기, 조류, 수생식물이 살 수 있는 생태적 환경으로서 중요성도 더욱 커지고 있다.

자연 연못은 지형, 수문, 토질, 강우 등의 요인이 복합적으로 작용하여 오랜 시간에 걸쳐 만들어져 스스로 유지해나가는 능력이 있으나, 인공 연못은 단시간에 조성되므로 주변의 자연환경과 조화를 이루지 못하는 경우가 많아 시공 후에도 관리해주어야 한다. 연못을 시공할 때는 이 점을 최대한 고려해야 한다.

연못 설계

연못은 정원에서 시각 및 공간적으로 주요한 요소이므로 정원의 형태를 고려하여 정형식과 자연식의 형태를 결정해야 하며, 크기도 정원 전체 면적에 비례하여 균형을 이룰 수 있도록 적정한 규모로 조성하여 조화를 이루어 아름다운 정원이 되도록 해야 한다.

도구

제도용지, T자, 삼각자 세트, 삼각 축척자, 원형 템플릿, 곡선자, 컴퍼스, 연필 또는 샤프 펜슬, 지우개, 제도용 테이프

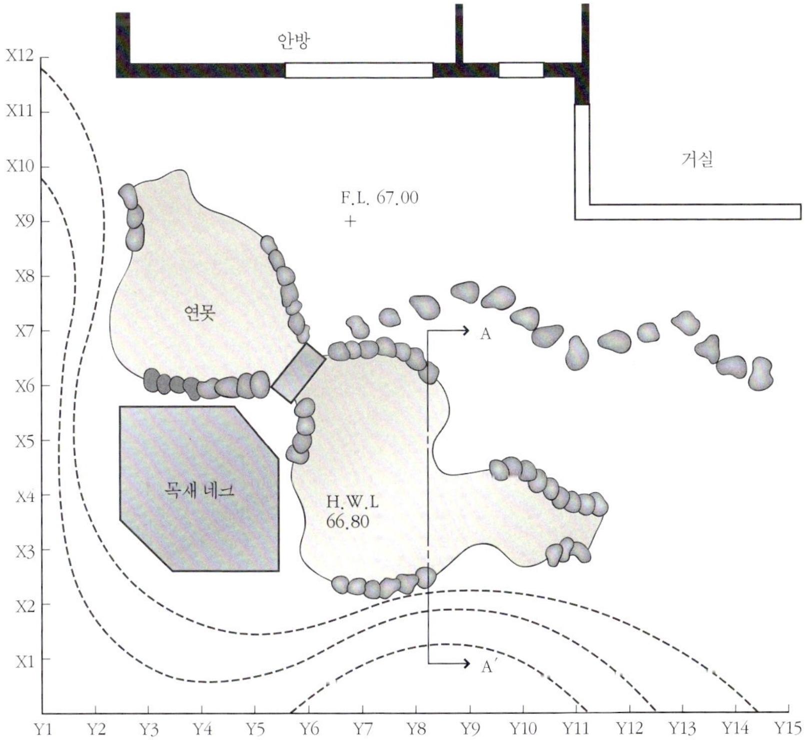

연못 평면도

(자료 : 교육인적자원부, 『소경기술 I』, 2004, 79쪽)

연못 설계 기준

① 연못 형태는 정형식과 자연식으로 나눌 수 있다.

② 연못의 면적은 정원 전체 면적을 고려해 적정한 규모로 조성한다.

③ 물이 자연스럽게 들어가고 나가는 자연형 연못에서는, 수면을 지표보다 6~10cm 낮게 만들어 비가 자연스럽게 유입되도록 하고, 연못 밑부분에는 여분의 물이 빠져나갈 수 있도록 월류구*over flow*를 설치한다.

④ 연못 바닥은 진흙 다짐을 하거나 콘크리트로 처리한다. 연못 경계 부분의 호안 처리는 잔디, 콘크리트, 자연석, 목재 등의 재료를 사용한다.

연못 설계 과정

① 연못을 만들려는 부지의 평면도를 준비하고 여기에 1×1m 간격으로 격자선을 긋는다. 이때 주택의 평면과 개략적인 정원의 평면이 나온 것을 사용하는 것이 좋다.

② 연못의 한끝 지점을 선정해서 이 지점에 해당하는 격자선의 X-Y 좌표를 찾아 가로세로의 간격을 재어 제도용지에 정확한 위치를 옮긴다.

③ 이와 같은 방법으로 연못의 호안 경계선과 격자선이 만나는 주요 지점들을 옮겨 그리고, 이 점들을 자연스럽게 선으로 연결하여 연못의 형태를 완성한다.

주의사항

연못에 어류를 도입할 때에는 월동을 위해 1.5m보다 큰 박스 형태의 어류월동보호소를 만들어주어야 하며, 식생을 도입할 때에는 지나친 번식을 억제하기 해여 수중분 식재를 해야 한다. 또한 어류나 식생은 자생종을 도입하여 생태계의 교란을 방지해야 한다.

수질 정화

연못의 물은 지하수나 상수를 인위적으로 공급하거나 인접한 계류에서 직접 물을 끌어 와 사용할 수 있다. 어떤 경우이든지 수질과 수량이 기준에 적합하여야 하며, 때로는 적정한 수질을 유지하기 위하여 별도의 정화시설을 설치해야 한다. 수경 용수의 수질기준은 다음과 같다.

수경 용수의 수질기준

항목	친수 용수	경관 용수	자연관찰 용수
수소이온농도(pH)	6.5~8.5	6.5~8.5	5.8~8.6
생물학적 산소요구량〔BOD(mg / L)〕	3 이하	6 이하	5 이하
부유물 질량〔SS(mg / L)〕	5 이하	15 이하	15 이하
악취	불결하지 않을 것	불결하지 않을 것	불결하지 않을 것
부유물 질량〔MPN(100mL)〕	1,000 이하	5,000 이하	—

합성고무막을 이용한 연못 만들기

연못을 만드는 데 큰 영향을 미치는 요인 중 하나는 연못을 만들 재료이다. 연못을 만들 때 사용되는 재료는 콘크리트, 진흙, 합성수지막(PVC), 합성고무막(EPDM), 목재 등 매우 다양하며 재료에 따라 공법도 여러 가지가 있다. 여기서는 대표적으로 합성고무막과 콘크리트 공법을 설명하기로 한다.

연못

도구

줄자, 삽, 손수레, 수평계, 레이크, 가위, 막대브러시, 전기드릴, 로프, 석회가루, 해머, 망치, 전기 및 설비작업 도구

재료

고무막, 모래, 자연석, 아연 도금 스파이크, 전기시설, 급수시설, 배수시설, 콘크리드 블록

터파기 및 지반 조성

● 위치 선정 및 지하 장애물 조사

① 연못은 일반적으로 평탄한 곳에 설치하는 것이 바람직하지만, 계류나 폭포와 연계시킬 때는 지형의 기복이 있는 곳에 설치할 수도 있다.

② 가능하다면 전기 · 상수관 · 배수관 등 지하 장애물이 없는 곳에 연못을 설치해야 하지만, 때에 따라서는 이러한 시설을 이설할 수도 있다.

● 연못 경계 표시

① 로프나 줄을 이용하여 못의 윤곽선을 표시하고, 경계선을 확인한 뒤 여기에 석회가루를 뿌려 표시한다.

② 연못의 길이와 폭, 깊이를 고려하여 충분한 크기의 고무막을 준비한다.

● 터파기

① 못의 중앙지점부터 터파기를 하며, 깊이는 원하는 깊이에 바닥에 설치할 모래층의 두께 5cm를 더한 깊이로 한다. 만약 터파기할 면적이 넓으면 백호우를 사용하는 방법도 검토해본다.

② 연못 내부에 지표면에서 깊이 20cm, 폭 30cm로 선반을 설치한다.

③ 터파기는 흙이 흘러내리는 현상을 완화하기 위해 약간 경사지게 한다.

④ 만약 연못의 경계부에 수직으로 말뚝을 박아 시공

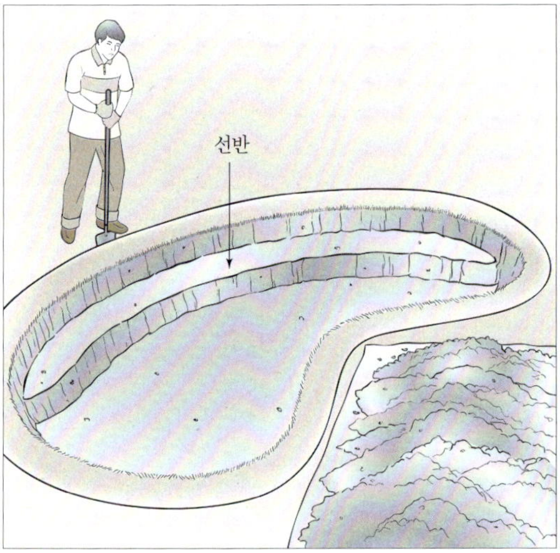

연못 터파기

한다면, 이때는 직각으로 터파기를 해도 좋다.

● 둑의 수평 만들기

① 각재를 못의 둑에 올려놓고 수평계를 이용하여 수평을 확인한다. 만약 한쪽이 높다면 높은 쪽의 흙을 깎아내 수평을 맞춘다.

② 계속해서 각 점을 연결해가면서 수평을 확인하고, 이러한 작업을 되풀이하여 못의 둑 전체가 수평이 되

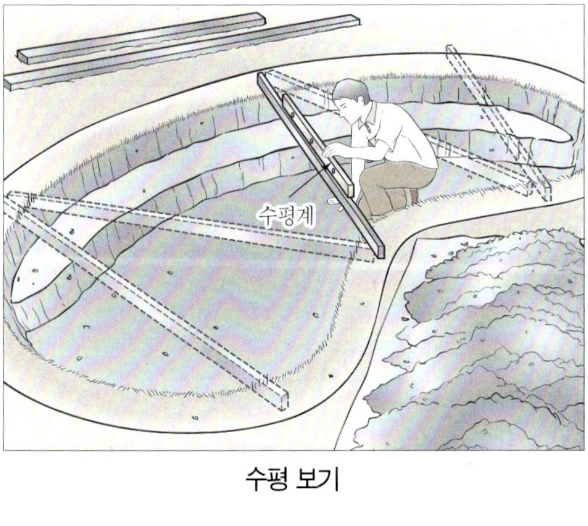

수평 보기

게 한다.

● 연못 깊이 점검

연못 바닥과 선반 깊이를 측정해서 높거나 낮은 곳을 조정하여 수평으로 정확한 깊이가 되도록 조정한다.

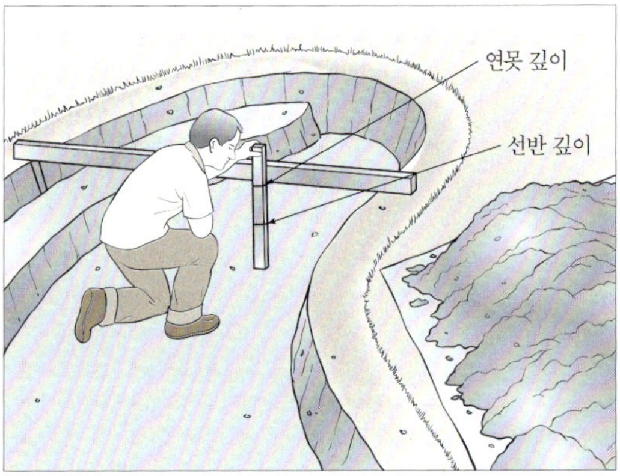

연못 깊이 점검

● 모래 지반 만들기

연못 바닥에 깔 고무막에 가해지는 하중과 충격을 완화하기 위해 바닥에 모래를 5cm 두께로 포설한 후 쇠스랑으로 잘 고른다.

모래 깔기

합성고무막 설치

● 고무막 펼치기

① 터파기한 곳에 고무막을 중심부터 두 쪽으로 가면서 겹치지 않게 편다. 특히 선반 부위를 꼼꼼하게 주의해서 펴도록 한다.

합성고무막 펼치기

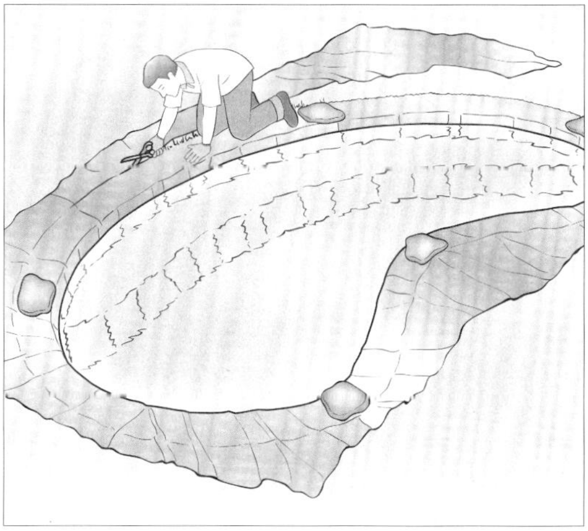

합성고무막 절단

② 고무막은 반드시 갓돌을 놓을 경계선까지 덮고, 갓돌을 군데군데 놓아 고정한다.

③ 호스로 물을 채워가면서 고무막을 고정하고, 필요하다면 갓돌을 움직여 다시 조정한다.

● 고무막 절단 및 고정

① 못에 물이 가득 차면 가위로 갓돌의 경계선을 따라 고무막을 절단한다.

② 고무막의 바깥쪽을 따라가면서 30cm 길이 긴 못을 60cm 간격으로 박아 고정한다.

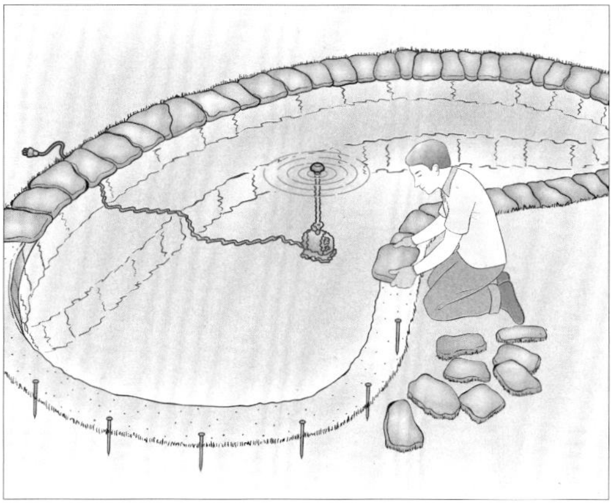

갓돌 놓기

● 갓돌 설치

① 분사용 노즐과 펌프를 설치하고 전선을 외부 전원함으로 유도해간다.

② 갓돌을 놓을 곳에 젖은 모래를 5cm 두께로 포설하고 갓돌을 놓는다.

③ 갓돌 사이사이에 남은 모래를 채운다.

④ 때에 따라서는 콘크리트 기초를 설치하고 여기에 모르타르를 이용하여 갓돌을 고정할 수도 있다.

모르타르를 이용한 갓돌 설치

식물 및 어류

연못의 식물은 물에 산소를 공급하고, 물고기는 물속의 조류를 먹어 물을 깨끗하게 만드는 역할을 한다.

① 식생 및 어류는 상호 간의 생태적 균형을 고려하여 투입한다.

② 연못에 식물이 과다하게 번식하는 것을 방지하기 위하여 식물은 컨테이너에 식재하여 연못에 넣는다.

전기설비 설치

연못에 전기시설을 설치할 때는 전기의 위험성을 유념해야 하며, 늘 누전에 따른 사고 발생을 예방하고 시설의 안전성을 높이기 위해 노력해야 한다. 또한 전기설비법 규정을 준수해야 한다. 안전하고 효율적인 작업을 위해서는 조경기술자와 전기기술자의 자문을 얻는 것이 좋다.

연못의 유지와 관리

깨끗하고 건강한 연못을 유지하기 위해서는 정기적인 연못청소가 필요하며, 다음의 순서로 시행한다.

① 연못의 물을 비우고 식물 컨테이너를 꺼낸다.

② 물이 15cm 정도 남았을 때 물고기를 잡아 깨끗한 플라스틱 통에 옮긴다.

③ 물을 다 뺀 후 연결 호스를 풀고 펌프를 빼낸다.

④ 고무막을 부드러운 브러시로 문질러 닦고 하부에 쌓인 찌꺼기는 흡입기로 빨아들인다.

⑤ 청소가 끝나면 물을 다시 채우고 연못의 수온이 물고기를 보관하고 있는 컨테이너의 수온과 5℃ 이내로 온도차가 날 때 물고기를 연못으로 옮긴다.

⑥ 추운 지역에서는 겨울철에 물이 얼면 물고기에 충분한 산소가 공급되지 않으므로 미리 물고기를 다른 곳으로 옮기거나 얼음을 깨 0.5m^2의 산소 구멍을 만들어준다. 식물은 상부를 전지하여 얼지 않는 연못의 하부로 옮겨놓는다.

주의사항

① 전기는 반드시 관련 법규를 준수하고 전기기술자의 도움을 받아서 시공한다.

② 물은 순환하지 않으면 썩으므로 적절한 수질정화시스템을 설치해야 한다.

콘크리트 연못 만들기

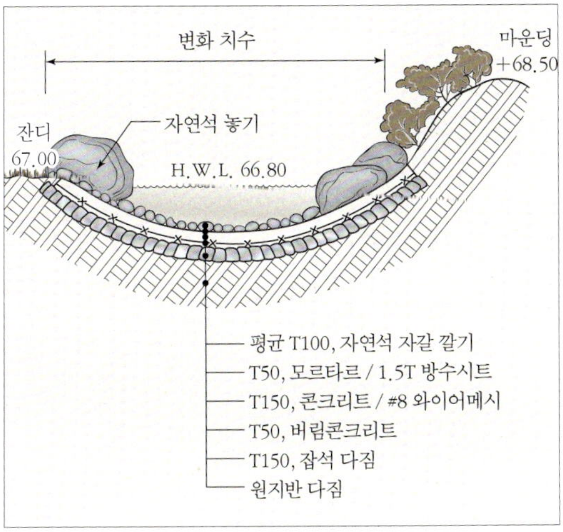

연못의 시공 단면

도구

줄자, 삽, 수평계, 다짐기, 절단기, 흙손, 목도, 전기 및 설비작업 도구

재료

자연석, 모르타르, 콘크리트, 이형철근, 방수 재료, 잡석, 전기시설, 급수시설, 배수시설

● 터파기 및 지반 다짐

① 원하는 형태로 터파기를 한 뒤 잡석을 넣고 충분히 다진다.

② 자연형 연못일 때에는 45° 정도로 경사를 준다.

● 콘크리트 타설

① 버림콘크리트를 5cm 두께로 타설한다.

② 눈 간격 15mm 정도의 와이어메시나 10mm 정도의 이형철근을 터파기한 형태를 따라 구부려 배근한다. 단, 이때는 바닥에서 5cm 정도 떨어시게 설치해야 한다.

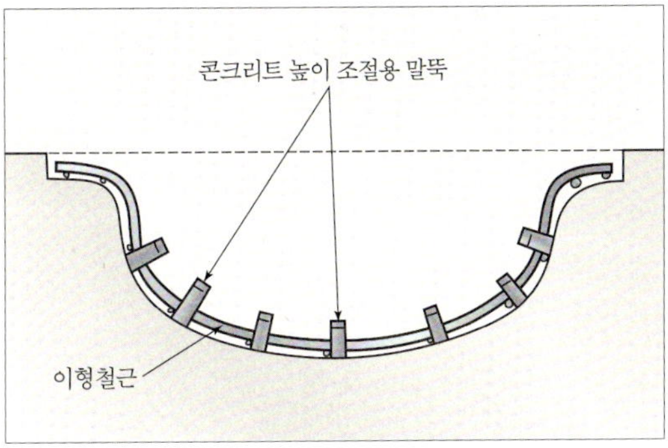

말뚝 박기

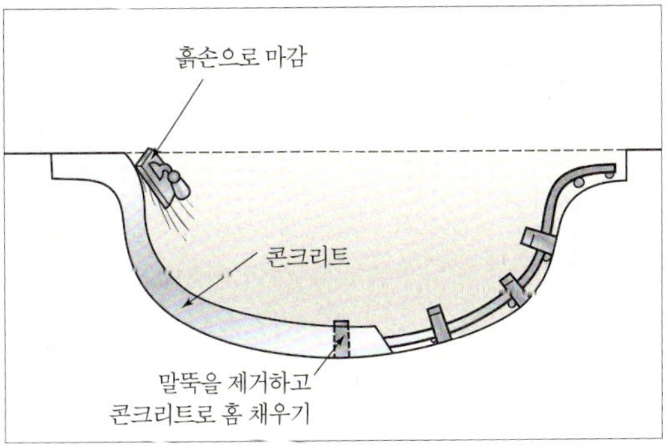

콘크리트 타설

③ 콘크리트 타설 시 높이를 맞추기 위해 $0.5m^2$마다 한 개의 기준말뚝을 박는다.

④ 높은 곳에서부터 말뚝을 이용하여 높이를 확인해 가면서 콘크리트를 타설하고, 말뚝을 제거한 후 다시 콘크리트로 채운다. 콘크리트 면을 흙손을 이용하여 곱게 마감한다.

● 방수층 설치

① 콘크리트 위에 방수를 위해 액체 방수나 시트 방수를 하고 보호 모르타르를 바른다.

● 펌프 설치

① 연못에 잠항 펌프를 설치하고 전선을 외부로 연결한다.

● 갓돌 설치 및 자연석 놓기

① 연못의 끝단에 모르타르를 이용하여 자연석을 설치한다.

② 연못 바닥에 자연석 자갈을 깐다.

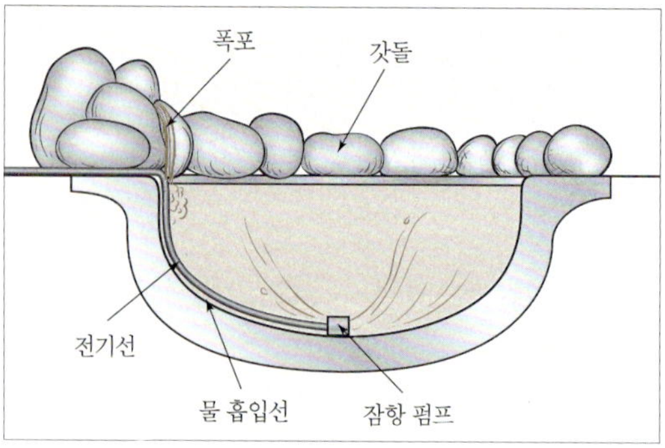

갓돌 설치

③ 폭포를 만들 경우, 자연석을 형태와 물의 흐름을 고려하여 안전하고 보기에 좋도록 2~3단 쌓는다.

● 관목 및 초화류 심기

① 연못 주변에 놓은 자연석이나 자갈 주변에 홈을 파고 흙을 채운 다음, 물가에 잘 사는 관목이나 초화류를 심어 자연스러운 분위기를 조성한다.

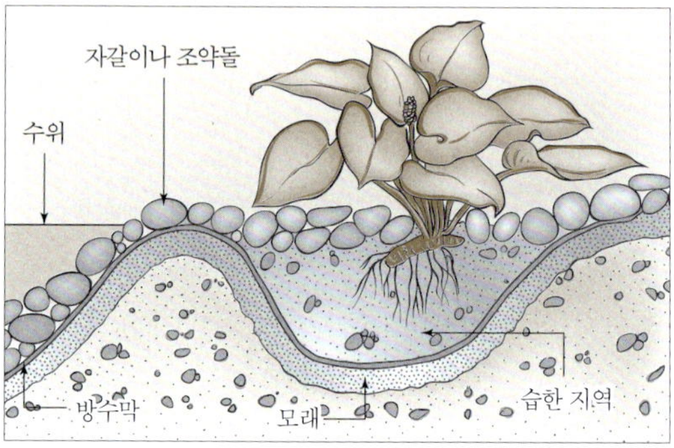

초화류 식재

주의사항

① 방수를 철저히 하여 물이 콘크리트 밑으로 새지 않게 한다.

② 콘크리트 타설 두께를 일정하게 해야 한다.

③ 전기는 반드시 관련 법규를 준수하고 전기기술자의 도움을 받아서 시공한다.

④ 물은 순환하지 않으면 썩으므로 적절한 수질정화시스템을 설치해야 한다.

CHAPTER 3

수목생육을 돕는 시설

살수시설

화단과 플랜터

식재지반

식물지지울(트렐리스)

냉상 · 온실 · 햇빛가리개

살수시설

정원에 살수시설을 설치하면 수목을 관리하는 데 많은 도움이 된다. 정원 내 살수기는 크게 일반 살수기와 점적 살수기로 나뉘는데, 고압을 이용하는 일반 살수기는 잔디처럼 넓은 면적에 많은 양의 물을 살수하기에 효율적이고, 저압을 이용하는 점적 살수기는 수목이나 특별한 좁은 지역의 관수에 적합하다. 살수시설 설치는 전문적인 지식과 기술이 필요한 작업이므로 전문가의 도움을 받는 것이 좋다.

살수기 설치

살수기가 작동하는 모습

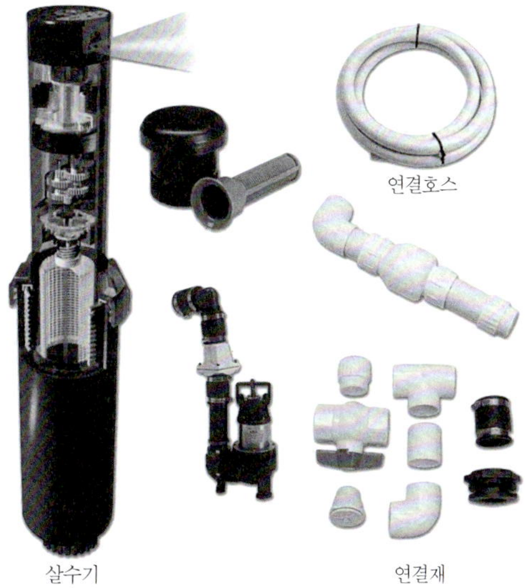

살수기 부품

일반 살수기 설치

도구

삽, 말뚝, 끈, 줄자, 다짐기, 스패너, 칼, 설비작업 도구

재료

아연도금 강관, 염화비닐관, 차단밸브, 대기진공차단기, 배수밸브, 엘보, 티, 라이저, 살수기 헤드, 여과기

● 살수 비품 준비

살수기 설치에 필요한 부속과 도구를 준비한다. 살수 비품은 제조회사에 따라 종류가 다양하므로 서로 규격이 맞는 것을 선택해야 하며, 가능하다면 같은 회사의 비품을 사용하는 것이 좋다.

● 터파기

관로를 매설할 구간을 말뚝과 줄로 표시하고 30cm 정도의 깊이로 줄 기초를 판다.

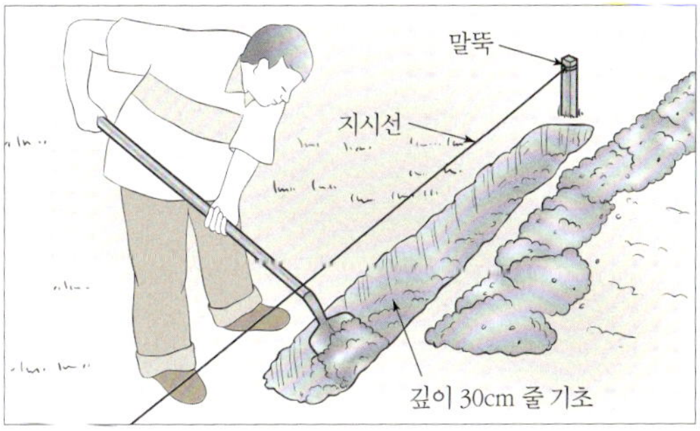

터파기

● 살수 비품 연결

① 차단밸브, 대기진공차단기, 배수밸브, 여과기를 엘보, 티, 라이저 등을 이용하여 관로에 연결한다. 단, 대기진공차단기는 지표면에서 15cm 높이로 가장 높게 설치하고 배수밸브는 동절기 완전배수를 위해 가장 낮은 부분에 설치한다.

② 아연도금 강관은 관의 내부와 외부를 나사를 이용해 연결하고 염화비닐관은 나사로 연결하되 중간에 접착제를 이용하여 접착하고 충격이 가해지지 않도록 한다. 만약 차량이나 기타 하중을 받을 우려가 있는 곳에는 보호 블록을 설치한다.

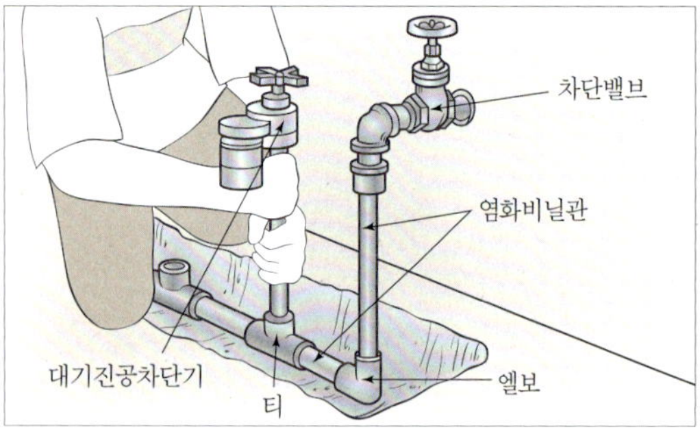

살수 비품 연결

살수기 조립

● 누수 시험

관로 설치가 끝나면 관로에 물을 공급하여 압력 및 누수 시험을 한다. 특히 연결 부위 및 장치가 설치된 부위는 조심스럽게 살펴야 한다.

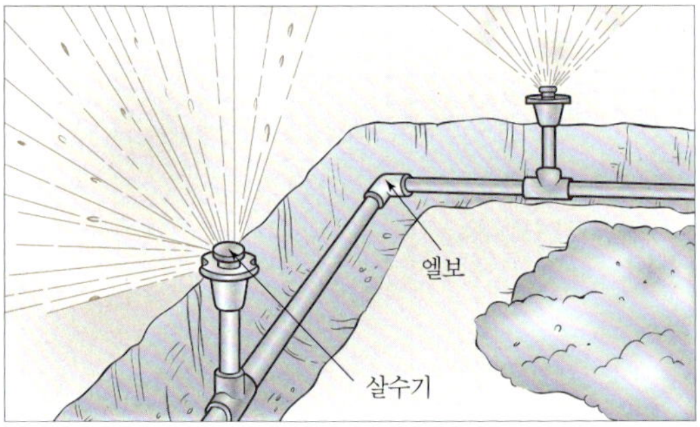

누수 시험

● 되메우기 및 다짐

① 살수관로를 설치한 후 되메운다.

② 다짐기를 이용하여 되메운 흙을 다지는데, 이때 다짐으로 인해 살수관로가 피해를 입지 않게 한다.

되메우고 다짐

점적 살수기 설치

도구

삽, 말뚝, 끈, 줄자, 다짐기, 스패너, 칼, 설비작업 도구

재료

폴리에틸렌 호스, 차단밸브, 대기진공차단기, 여과기, 염화비닐관, 마이크로 튜브, 수압 조절기, 여과기, 슬리브

● 점적 살수 비품 준비

살수기 설치에 필요한 부속과 도구를 준비한다. 이때는 일반 살수 비품과 마찬가지로 서로 규격이 맞는 것을 선택해야 하며, 가능하다면 같은 회사의 비품을 사용하는 것이 바람직하다.

● 살수 비품 연결

차단밸브, 대기진공차단기, 여과기를 조립한다. 이때 대기진공차단기는 지표면에서 15cm 정도 떨어진 높이로 살수 비품 중 가장 높은 곳에 설치한다.

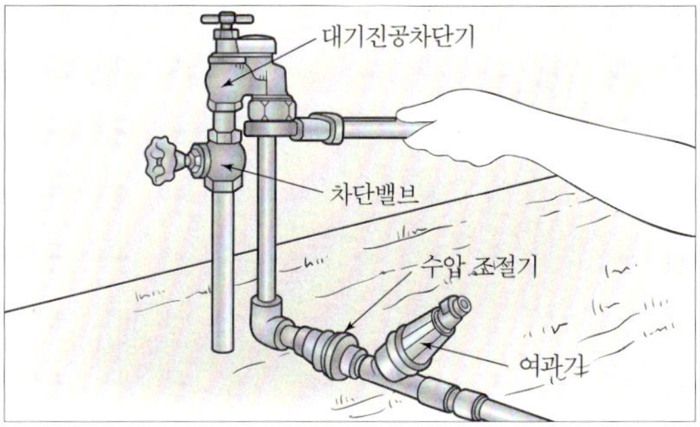

살수 비품 연결

● 호스 연결

폴리에틸렌 호스를 연결하고 주요 관로로 배치한다.

● 지선 연결

① 지선을 연결하려면 적절한 위치에서 호스를 절단하고 티를 이용해서 측선을 연결하여 급수할 수목 쪽

호스 연결

으로 유도한다.

② 지선이 보도나 차로를 가로지르게 된다면 슬리브를 설치해 보호한다.

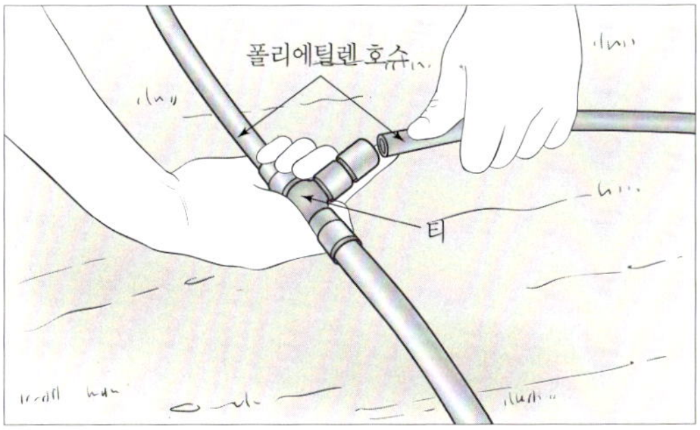

지선 연결

● 호스 청소

호스에 물을 통과시켜 이물질이 흘러나오게 한 다음

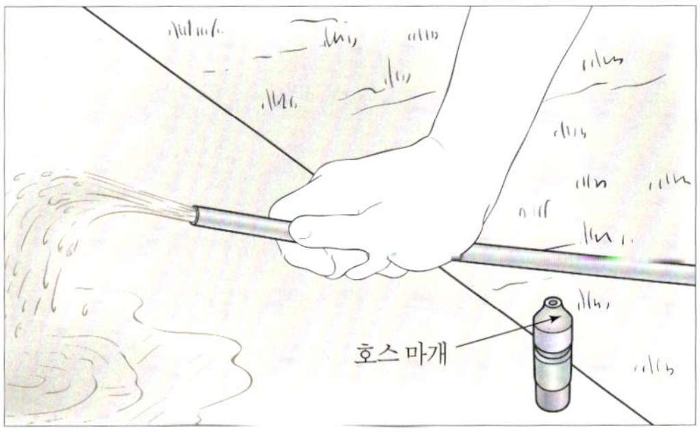

호스 청소

끝에 호스 마개를 씌운다.

● 낙수기 설치

① 호스에 구멍을 뚫고 낙수기를 설치한다. 구멍의 크기는 연결구보다 작게 하여 누수를 방지한다. 염화비닐관에 연결할 때는 나사식 낙수기를 사용해야 한다.

② 호스와 낙수기를 적절히 움직여 수목의 근원 부위에 위치시키고 고정팩으로 고정한다.

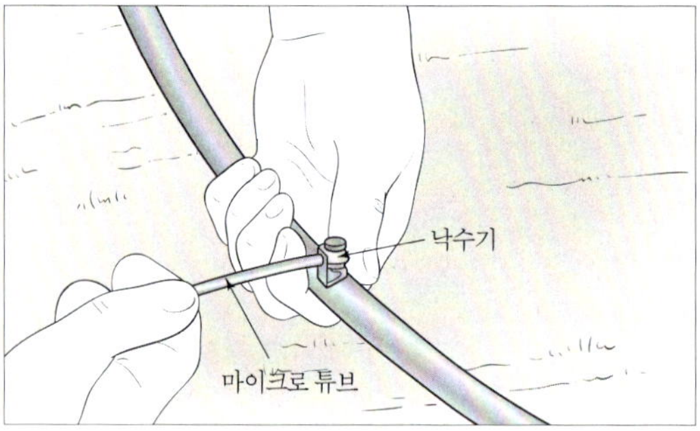

낙수기 설치

● 누수 시험

① 호스에 물을 공급하여 낙수기에서 물이 정상적으로 나오는지 확인한다.

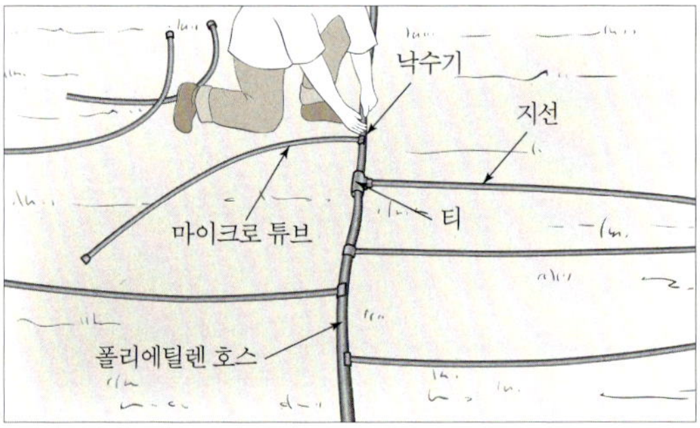

낙수기 작동 확인

주의사항

① 살수시설 설계는 매우 복잡하고 사용되는 부품 또한 종류가 다양하므로 전문가에게 도움을 받아 설계와 부품을 결정해야 한다.

② 누수를 방지하기 위해서는 관로를 빈틈 없이 꼼꼼하게 연결해야 한다.

화단과 플랜터

화단은 경계시설을 사용하여 지표면을 구획해 단을 만들고, 여기에 꽃과 초본류의 식물을 심는 것으로서 이동이 불가능하다.

반면에 플랜터는 목재, 벽돌, 콘크리트, 석재 등을 사용하여 인위적으로 식물을 심을 수 있게 만든 화분으로서 초화류, 관목, 교목류를 심을 수 있으며 이동이 가능하다.

화단 설치

화단은 식물의 생육에 적합한 토양이 있고 배수가 잘 되는 곳에 만들며, 잔디나 잡초가 침입하는 것을 방지하기 위해 경계를 설치해야 한다. 화단은 일반적으로 주변 지표면과 같은 높이로 만들지만 배수가 불량한 곳에서는 목재, 돌, 점토벽돌을 이용하여 지표면보다 50~60cm 정도 높게 식재 베드를 만들어야 한다.

화단

도구

삽, 곡괭이, 망치, 해머, 톱, 전기드릴, 수평계

재료

끈, 말뚝, 경계, 방부목재, 긴 아연못

● 화단 경계 표시

석회가루나 줄을 이용하여 설치할 화단의 경계를 표시한다.

● 화단베드 설치

① 화단 경계 안쪽의 잔디나 지피식물을 걷어낸다. 만약 잔디를 이식하려면 일정한 규격으로 절단하여 이식한다.

② 배수가 잘 되고 유기물이 있는 토양을 정리한 화단 경계 안쪽에 깐다.

● 화단 경계 설치

① 화단 경계를 설치하기 위해 터파기를 한다.

② 플라스틱 경계를 화단의 경계선에 맞추어 구부린

화단 경계 표시

다음 연결한다.

③ 화단 경계 전체를 연결한 다음 플라스틱 말뚝을 화단 경계의 아래에 1.2m 간격으로 45° 각도로 박아 고정한다.

잔디와 지피식생 걷어내기

화단 경계 설치

④ 화단 경계를 설치한 곳을 상부 가장자리를 남겨놓고 흙을 되메우고 다진다.

⑤ 이와 같은 방법으로 알루미늄 화단 경계도 설치할 수 있으며, 다른 경계의 설치방법은 이 책의 「포장」 '기초 및 경계 설치' (39~43쪽)를 참조한다.

● 벽돌 경계 설치

① 벽돌 경계를 설치할 부분을 10~15cm 정도의 깊이로 벽돌 두께보다 조금 넓게 터파기한다.

② 터파기한 곳을 각진 목재로 다진다.

③ 벽돌 경계의 모서리에서 50cm 정도 떨어진 곳에 말뚝을 박고 줄을 띄워 수평규준틀을 설치한다. 이때 줄의 높이는 벽돌 경계의 높이와 같게 한다.

④ 벽돌을 대각선으로 세워 설치하고 흙으로 주변을 되메우고 다진다.

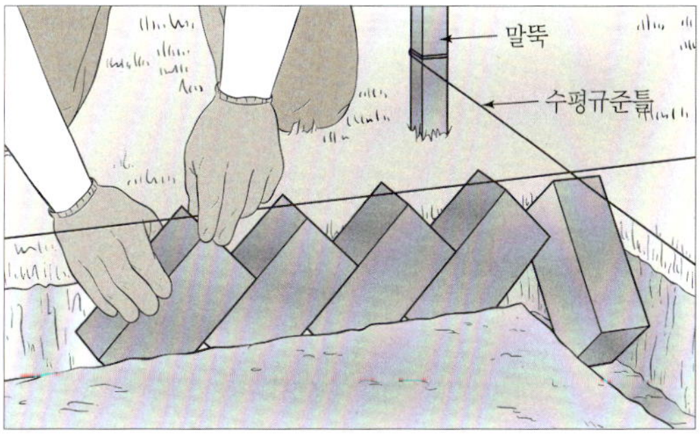

벽돌 경계 설치

주의사항

① 화단의 토양 높이는 플랜터의 최상부보다 낮게 하여 관수나 강우 시에 토양이 외부로 흘러나오지 않게 한다.

② 화단의 하부 토양이 단단할 때에는 경운하여, 배수가 원활하고 식물의 뿌리가 잘 뻗을 수 있게 한다.

플랜터 설치

데크나 테라스 등 포장공간에 플랜터를 설치하면 자연스러움을 더할 수 있어 좋으며, 보통 초화류나 관목을 심지만 때로는 작은 교목을 식재하기도 한다.

플랜터

도구

톱, 망치, 자, 전기드릴, 전기톱, 보호장갑, 보호안경

재료

긴 못, 목재

● 바닥 만들기

① 목재를 바닥다리, 측면 사각틀, 바닥받침판을 만들만한 적절한 크기로 절단한다.

② 첫째 단의 목재를 못을 박아 서로 연결하여 정사각형으로 측면 사각틀을 만들고 여기에 바닥다리를 연결한다.

③ 바닥다리 위에 바닥받침판을 놓고 목재 끝에 각각 두 개씩 못을 박아 고정한다. 단, 바닥받침판은 배수를 위해 일정한 간격을 띄어 설치한다.

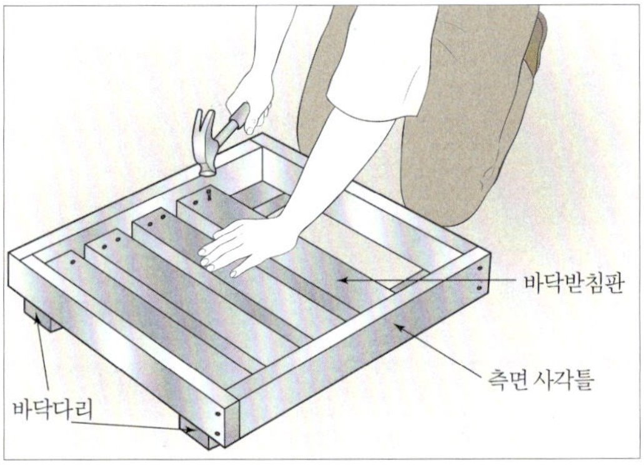

밑판 만들기

● 버팀대 설치 및 측면재 조립

① 측면 사각틀의 네 군데 모서리에 스크루 볼트를 이용하여 버팀대를 설치한다. 버팀대는 플랜터의 높이와 같게 한다.

② 둘째 단 측면 사각틀을 조립하고 이것을 버팀대 바

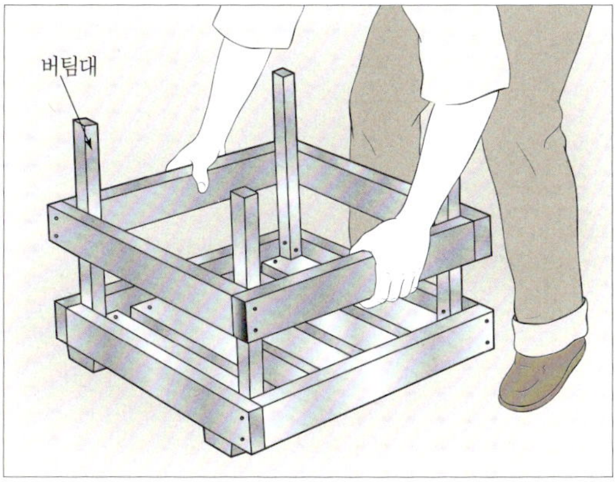

둘째 단 사각틀 조립

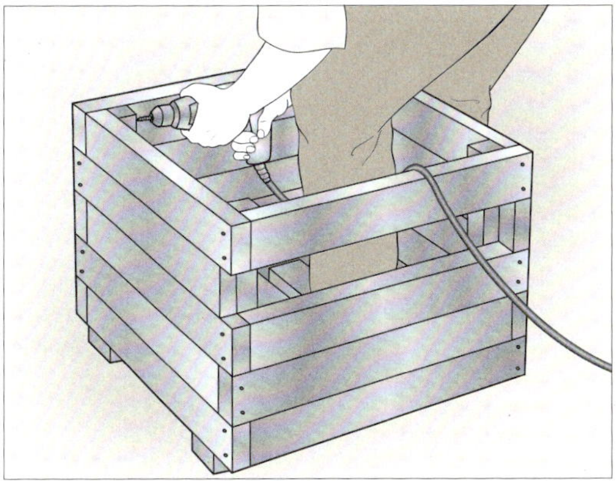

버팀대 고정

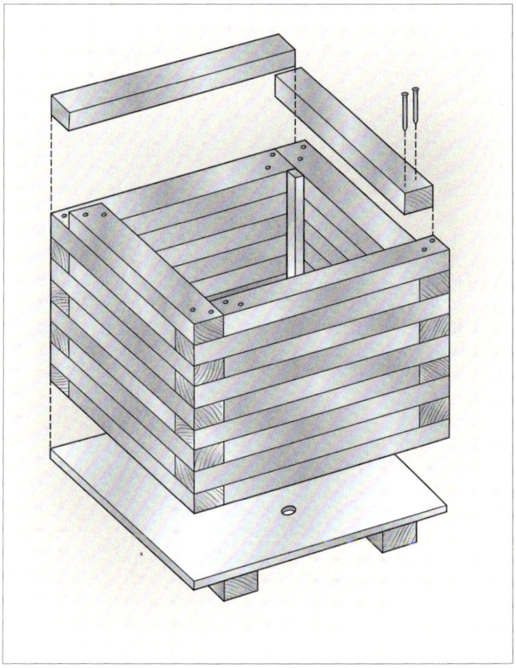

플랜터 조립 완료

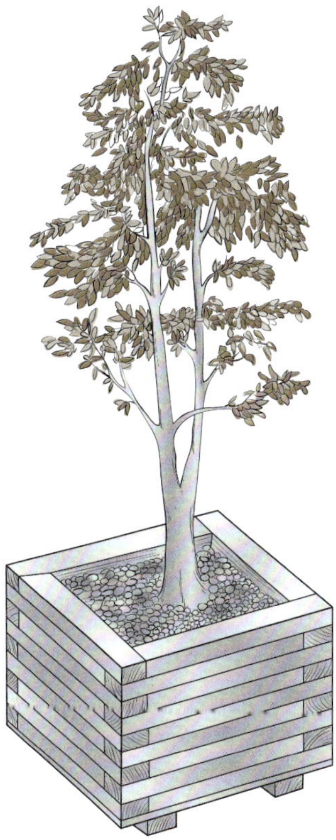

목재 플랜터

깔쪽에 끼운 다음 버팀대와 만나는 부위를 스크루 볼트로 고정한다. 이때 측면 사각틀 부재의 마구리는 각 모서리에서 교차되어 나타나게 한다.

③ 이러한 방법으로 측면 사각틀을 조립하여 완성한다. 만약 플랜터와 플랜터 사이에 의자를 연결하고자 할 때는 측면 사각틀 중 의자와 연결할 부분의 한 단은 개방해 두어야 한다.

● 의자용 바닥 만들기

① 플랜터를 설치하고자 하는 곳에 위치시킨 후, 플랜터 두 개의 개방된 측면이 서로 마주보게 한다.

② 두 플랜터 사이의 간격을 측정하고 긴 목재를 절단

목재 삽입해 의자 만들기

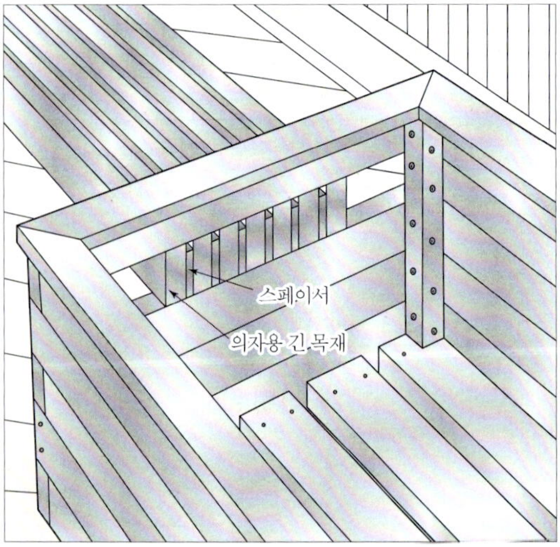

스페이서 삽입

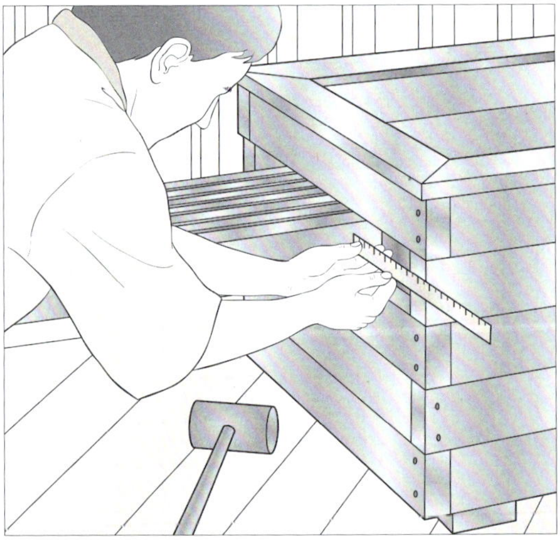

개방부 막음

하여 플랜터 측면에 삽입한다. 이때 부재 간 간격이 일정하도록 스페이서를 삽입한다.

③ 개방된 측면과 의자용 목재 사이에 생기는 홈의 크기를 측정하여 적합한 목재를 절단하여 삽입하고 못으로 고정해 홈을 메운다.

식재 베드 설치

● 목재의 측정과 절단

① 식재 베드를 만들기에 적합한 크기로 목재에 절단 부위를 표시한다. 가능한 한 목재가 버려지는 부분을 최소화한다.

② 원형 톱을 이용하여 절단할 부위에 한 번 홈을 낸 다음 목재를 뒤집어 다시 톱을 이용하여 완전히 절단한다.

● 바닥 목재 고정

① 삽과 곡괭이로 목재의 첫 단을 설치할 부분을 5cm 정도 깊이로 판다.

② 목재를 사방으로 한 개씩 놓아가면서 수평계를 이용하여 수평 여부를 확인하고 조정한다.

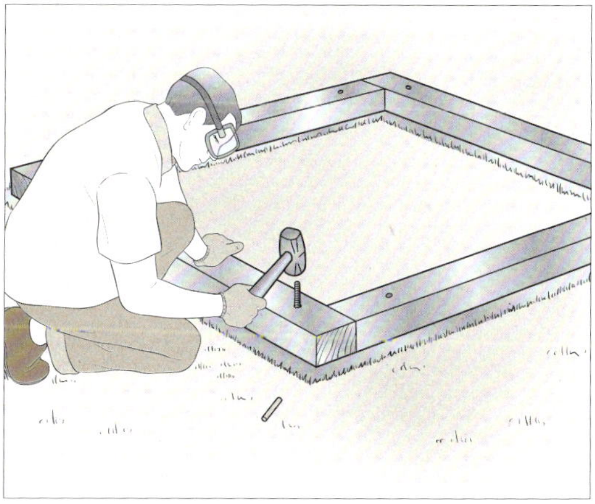

식재 베드용 바닥 목재 설치

식재 베드 조립

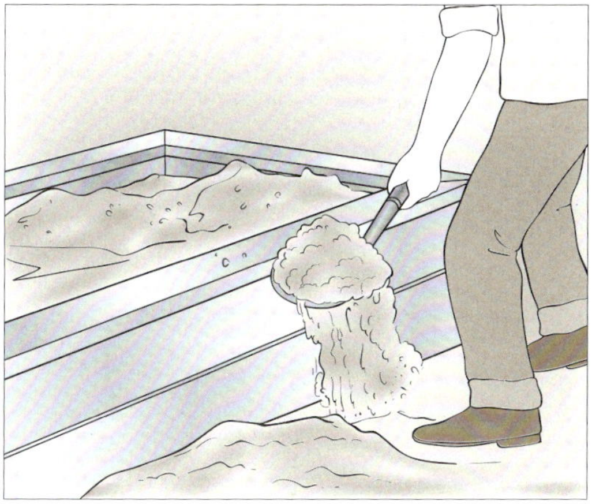

토양 채우기

③ 네 개의 목재를 모두 수평으로 놓은 다음 목재의 양 끝단에서 15~20cm 안쪽에 드릴로 구멍을 뚫고 여기에 망치나 해머를 이용해 철근을 박아 넣어 땅에 고정한다.

● 식재 베드 조립

① 첫째 단 위에 계속해서 단을 쌓아간다. 이때 목새

벽돌 식재 베드

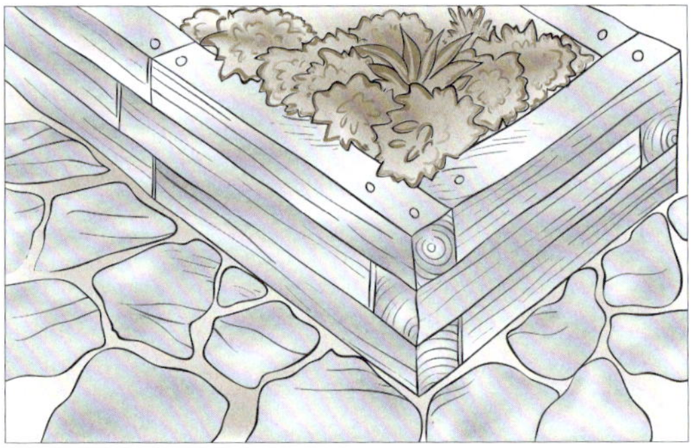

침목 식재 베드

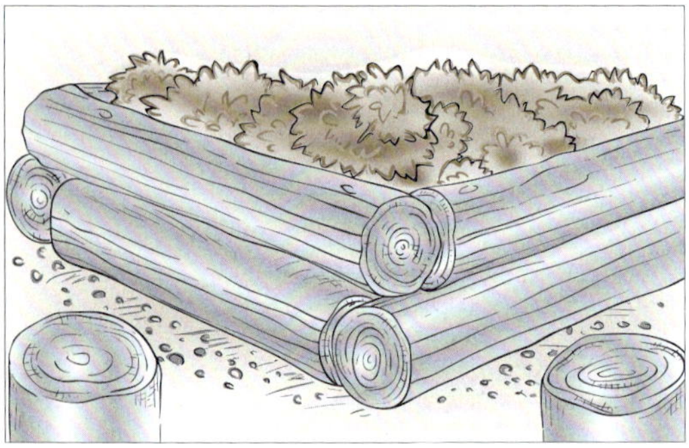

통나무 식재 베드

목재 식재 베드

식재 베드의 종류

의 마구리를 엇갈려가면서 배치한다.

② 각 목재는 중앙과 목재의 양 끝단에서 15～20cm 안쪽에 세 개의 구멍을 뚫어 여기에 못을 박아서 아랫단 목재와 연결한다.

③ 식재 베드의 높이보다 조금 낮게 식물생육에 적합한 토양을 채우고 식물을 식재한다.

주의사항

① 톱이나 해머를 사용할 때는 보호장갑과 안경을 착용한다.

② 의자로 설치할 목재의 길이는 휘어져 파괴되는 것을 방지하기 위하여 2m가 넘지 않게 한다.

③ 식재수목이 생육할 수 있는 최소 토양 깊이를 확보하고 필요하다면 배수구를 설치해야 한다.

④ 객토할 때는 쓰레기나 이물질이 없는 수목 생육에 양호한 토양으로 객토한다.

⑤ 플랜터의 토양은 플랜터의 최상부보다 낮게 하여 관수나 강우 시에 토양이 외부로 흘러나오지 않도록 한다.

⑥ 플랜터가 의자로 겸용될 때에는 이용하기 편리한 높이와 폭으로 만들어야 한다.

식재지반

식재 후 수목의 하부는 흙이나 잔디로 덮는데, 이때 꼼꼼히 마무리하지 않으면 수목의 줄기가 잔디깎기 도중 손상될 수도 있으며, 노출된 토양은 보기에 좋지 않고 먼지를 일으킬 수도 있다. 식재지반을 잘 처리하면 이러한 문제를 해결하고 미관 효과를 높일 수 있다.

식재지반

식재지반의 경계를 처리하기 위해 플라스틱이나 금속, 침목, 통나무, 벽돌, 콘크리트 블록, 목재 등 다양한 재료를 사용할 수 있다. 플라스틱이나 금속은 자연형 곡선이나 원형, 침목은 정사각형이나 직사각형, 통나무는 원형, 벽돌은 정사각형, 콘크리트 블록은 자연형이나 정형, 목재 플랜터는 원형이나 사각형으로 만들기 쉽다.

지반 멀칭재 종류

① 조약돌

② 콩자갈

③ 분쇄목(우드칩)

④ 초화류

식재지반 설치

도구

망치, 해머, 삽, 톱

재료

플라스틱 경계, 금속 경계, 침목, 원목, 콘크리트, 벽돌, 콘크리트 블록, 목재 각재, 조약돌, 콩자갈, 우드칩, 자연석, 초화류 또는 관목

● 무기초형 식재지반

① 1～3m의 범위에서 원하는 크기로 식재지반을 10cm 정도로 터파기하고, 식재지반 경계에 플라스틱 경계, 침목, 원목, 콘트리트 등을 설치한다.

② 경계 안쪽에 조약돌, 우드칩 같은 멀칭재를 깐다.

● 플랜터형 식재지반

① 플랜터의 높이를 고려하여 수목을 조금 올려서 심는다.

② 목재, 벽돌, 자연석 등을 이용해 플랜터를 만든다.

③ 플랜터 안쪽에 플랜터의 높이보다 5cm 정도 낮게 흙을 채우고 여기에 초화류나 관목을 식재한다.

주의사항

① 벽돌을 콘크리트 기초 위에 설치하면 수목의 뿌리가 성장하면서 들뜨거나 파괴될 수 있으므로 가급적 주의해야 한다.

② 플랜터형 식재지반에서는 식재하기 전에 미리 수목의 식재 높이를 정확하게 확인하여 원래 식재되었던 높이와 같게 해야 한다.

③ 식재지반이 건조한 곳은 주변보다 다소 낮게 처리하여 수분이 쉽게 모일 수 있게 하고, 수분이 많은 곳은 높게 하여 과다한 수분 때문에 식물이 죽지 않게 주의해야 한다.

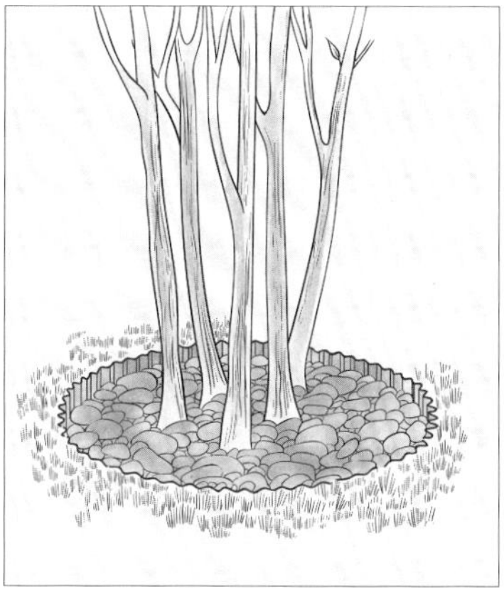

플라스틱(금속) 경계+조약돌

침목 경계+분쇄목

벽돌+모래

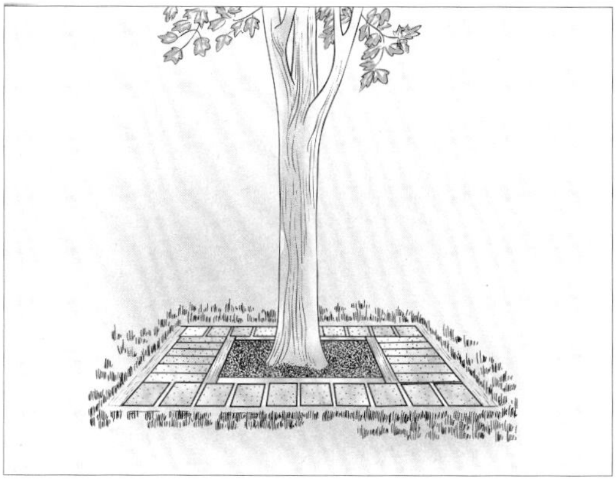

콘크리트 블록+모래(분쇄목)

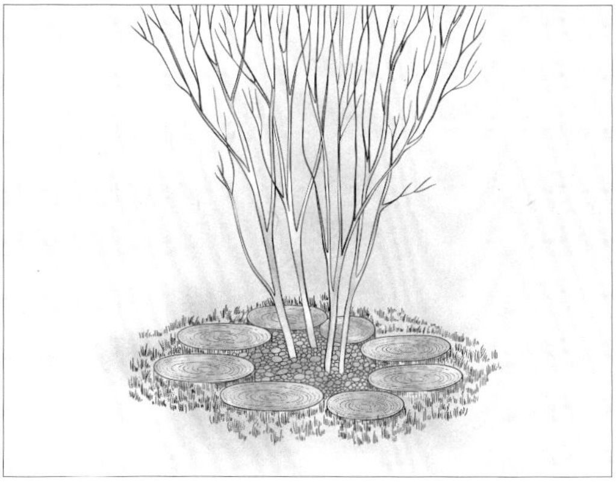

통나무+자갈

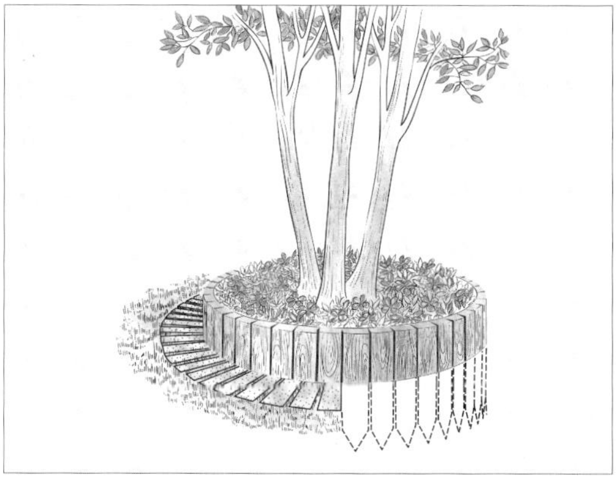

플랜터+초화류

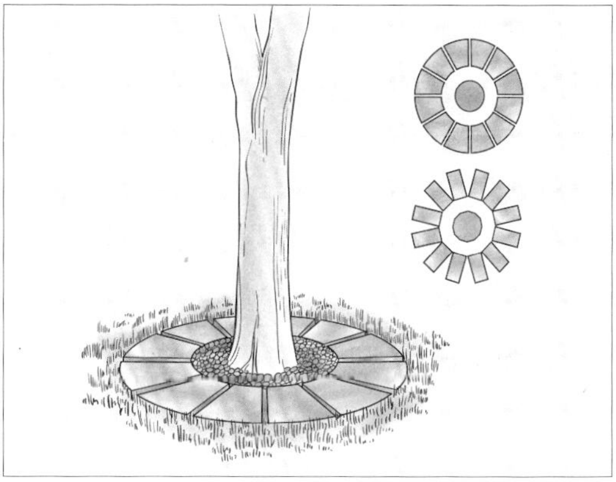

콘크리트 블록+초화류

식재지반의 종류

식물지지울(트렐리스)

정원에서 포도나무 · 등나무 · 담쟁이 덩굴 · 아이비 등 덩굴식물은 단조로운 벽면을 아름답게 할 뿐만 아니라, 차폐나 그늘을 만들기 위한 효과적인 요소이기도 하다. 덩굴식물이 생장하기 위해서는 줄기 · 꽃 · 열매를 지지할 수 있는 구조물이 필요한데, 대표적인 시설이 식물지지울이다.

식물지지울

식물지지울의 종류는 매우 다양하므로 덩굴식물의 특성과 울타리의 구조적 특성을 고려하여 선택해야 한다. 특히 식물의 무게는 시간이 지남에 따라 점점 무거워진다는 점을 명심해야 한다. 아울러 식물지지울의 형태와 색은 중요한 시각 요소이므로 벽이나 주변 환경과 적절히 조화를 이룰 수 있게 해야 한다.

옥상정원의 식물지지울

도구

드라이버, 수평계, 해머, 망치, 톱, 삽, 스패너, 사다리

재료

목재기둥 및 판재, 철망, 철선, 못, 볼트, 끈, 말뚝

● 식물지지울 기둥 설치

① 식물지지울 기둥을 설치할 곳의 위치를 결정한다.

② 기둥을 설치한 후 기초콘크리트를 타설하고 기둥의 수직 여부를 재확인한다.

● 격자울 제작 및 설치

① 식물지지대의 틀을 짜고 여기에 목재 격자망, 대나무망, 네트 등을 연결하여 격자울을 만든다.

② 기둥에 제작된 격자울을 설치한다.

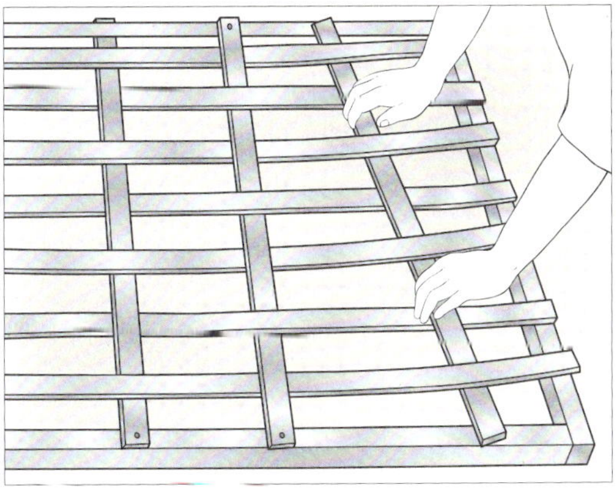

격자울 제작

주의사항

① 기둥은 방부 처리가 된 목재를 사용하고 목재가 지표면에 직접 닿지 않게 한다.

② 격자울은 하중이 적은 것을 사용하는 것이 좋다.

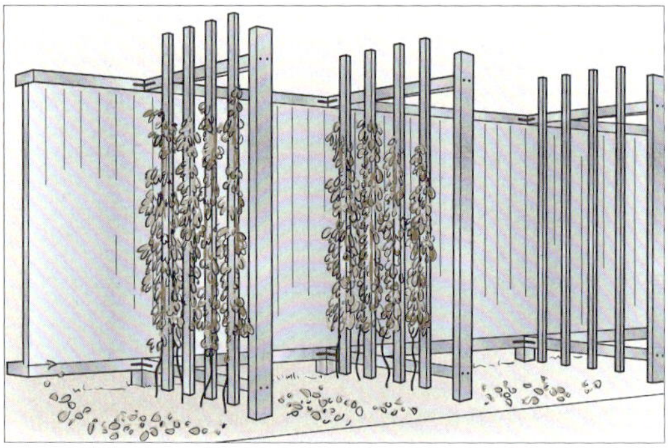
날개형

울타리 확장형

대각선 격자형

격자상자형

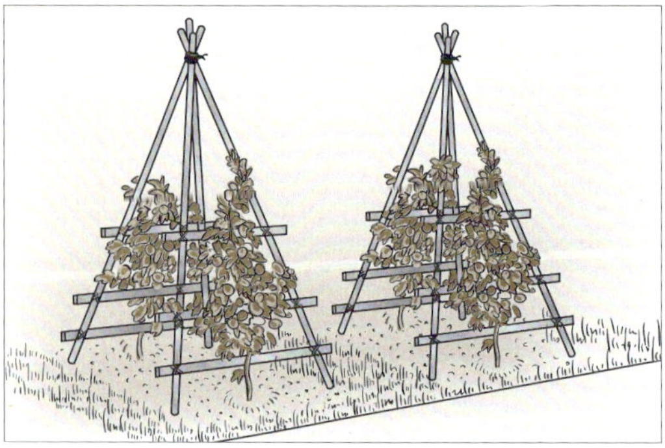
피라미드형

강선 격자형

식물지지울의 종류

냉상 · 온실 · 햇빛가리개

식물 재배를 목적으로 하여 뼈대를 세운 바깥쪽을 유리나 플라스틱 또는 비닐로 씌우고 난방시설을 갖춘 건조물을 온실이라 하고, 난방시설이 없는 것은 냉상 또는 무난방온실이라고 한다. 이는 겨울의 저온기에 식물을 추위로부터 보호하고, 생육을 촉진하기 위해 설치한다. 온실은 식물에 적합한 생육환경을 인위적으로 만들어 내는 설비인데, 추위에 약한 열대성 · 온대성 식물은 각각의 생육에 적합한 온도가 있으므로 태양광선 · 온도 · 습도 · 수분을 원하는 상태로 자유롭게 조절할 수 있어야 한다. 햇빛가리개는 실생이나 어린 식물에 과도한 햇빛이 비쳐 타거나 고사하는 것을 방지하기 위해 설치한다.

냉상

도구

수평계, 망치, 톱, 칼, 가위, 스패너

재료

목재, 유리 또는 비닐, 알루미늄 새시, 대나무, 거적, 온도계

냉상 설치

● **냉상의 방향과 배치**

① 냉상은 태양빛을 최대한 얻을 수 있도록 남쪽을 향하게 한다. 아울러 뚜껑의 뒤쪽을 앞보다 높게 함으로써 빛과 열을 최대한 받아들이고 빗물이 쉽게 흘러내릴 수 있게 한다.

② 냉상의 위치는 배수가 잘 되고, 바람이 심하게 불지 않는 나무 밑이 좋으며, 지표면에서 20cm 정도 땅을 파고 설치하면 열을 효과적으로 보유할 수 있다.

● **냉상의 뚜껑**

① 냉상의 뚜껑 틀은 목재로 제작할 수도 있지만, 알루미늄 새시나 문틀과 같이 기존에 가지고 있는 것을 활용해도 좋다.

② 뚜껑의 재료로는 유리, 아크릴, 비닐 등을 사용할 수 있는데, 장기적으로는 유리가 더 효율적이지만 가격은 비닐이 저렴하다.

● **냉상의 틀**

① 가장 저렴하고 효과적인 재료는 목재로, 방부처리된 것을 사용하는 것이 좋다.

② 틀은 앞면이 낮고 뒷면이 높게 만들어야 하며, 바

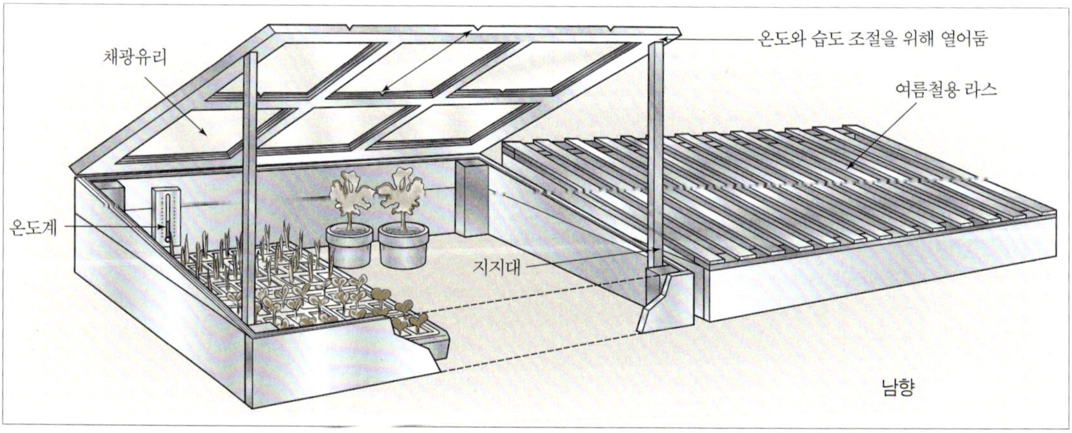

냉상의 좌향 및 구도

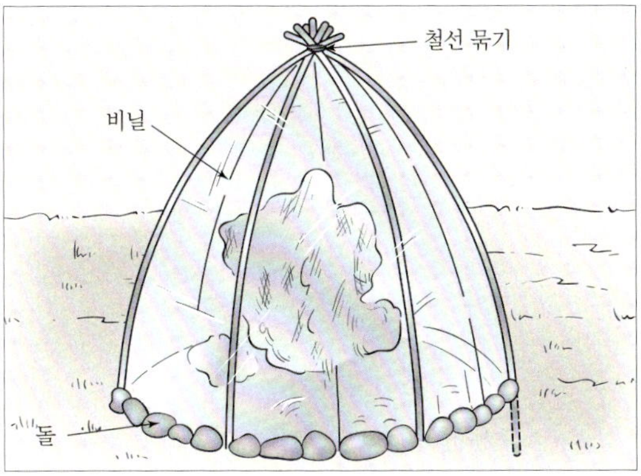

대나무지지형

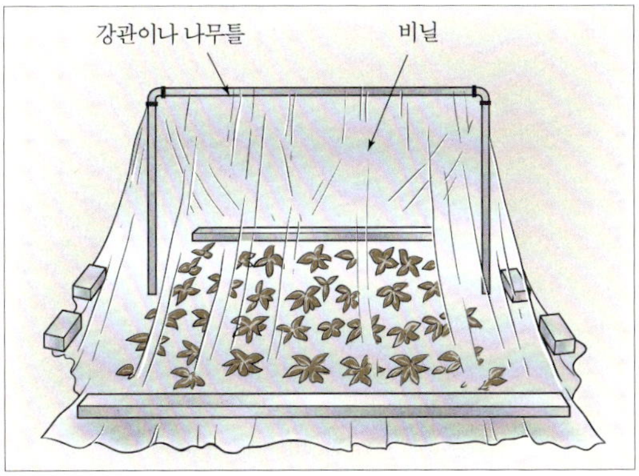

플랜터형

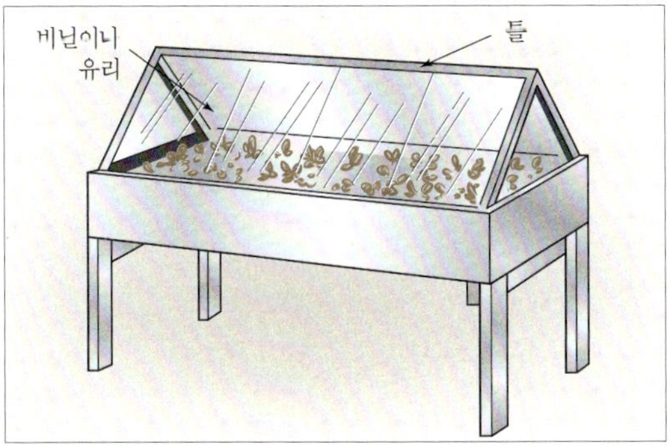

탁상형

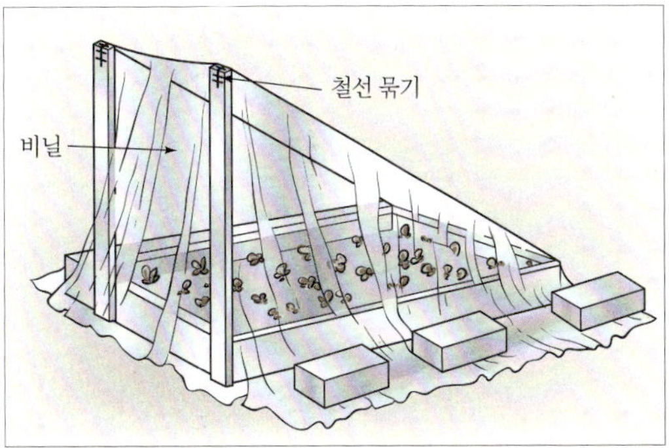

지지대형

간단한 냉상의 사례

닥은 흙에 노출한다.

③ 각 모서리에는 버팀목을 대어 구조를 보강한다.

④ 효과적으로 열을 흡수하기 위해 틀에 검은색을 칠해도 좋다.

● 기타

① 내부에 온도계를 배치하여 온도를 측정하고 30℃ 이하로 온도를 유지한다.

② 냉상의 온도와 습도를 유지하기 위해 지주를 사용하여 뚜껑을 여닫을 수 있게 한다.

③ 물통과 같이 열을 흡수할 수 있게 물통 등을 넣어두면 밤에 열을 유지하는 데 효과적이다.

④ 추운날 밤에는 뚜껑을 거적이나 짚으로 덮어주어 열이 방출되는 것을 차단한다.

주의사항

냉상의 크기는 정원의 규모나 용도에 따라 달리해야 한다.

온실

정원에서 온실은 열대성 식물이나 추위에 약한 식물을 재배할 때 이용하는 것으로, 관상을 위한 시설로도 사용한다. 최근에는 알루미늄재와 곡면유리가 보급되어 개인이 온실을 만들 수도 있게 되어 주택과 일체형으로 만든 일광욕실 겸용 온실이나, 실내장식을 겸한 소형 관상온실도 늘고 있다. 온실을 설치할 때는 다음의 사항을 고려해야 한다.

설치 장소

양지바르고 통풍 · 배수가 잘 되는 장소가 최적지이며, 특히 겨울철의 북풍을 피할 수 있는 곳이 좋다.

방향

건조물의 방향은 주로 동서와 남북이며 방향에 따라서 겨울철에 일조량을 충분히 받아들일 수 없는 경우가 있다. 대형 온실은 남북을 향하게 해야 빛이 고르게 입사한다. 주택정원의 소형 온실은 동서 방향이라도 건물이나 식물에 대한 영향이 상대적으로 적다.

면적

온실은 안에 직접 사람이 들어가서 관리해야 하므로 통로 · 가온시설 외에 선반 등의 설치도 고려하여 면적을 결정한다. 금속성의 조립식 선반은 규격이 정해져 있으므로 이에 맞추면 비용을 절약할 수 있다.

구조

유리나 플라스틱 지붕은 태풍이나 폭설에 견디는 것이 중요하므로 골조에는 지주를 넣는다. 여름철에는 고온 대책으로서 옆창 · 천창 등을 충분히 열어놓아 환기가 잘 되게 해야 한다.

난방

온실 내의 난방법에는 직접방식과 간접방식이 있다. 직접방식은 난로에서 석유 · 가스 · 석탄 등을 연소시켜 그 열로 난방하는 방식으로 온풍난방이라고 한다. 이 방식은 효율은 좋지만 실내가 건조해지기 쉽다. 간접방식은 석유나 석탄 등을 연소시켜 온탕 또는 증기를 만들고, 이것을 내부에 배관된 방열관으로 순환시켜 난방하는 방식이다. 이 방식은 실내온도가 평균화되어 온도관리가 쉽다. 소규모 가정온실의 난방에는 전기온풍기나 석유난로를 활용하면 좋지만, 석유난로는 온실용으로 개발된 연통이 있는 것을 사용하지 않으면 연소가스나 불완전연소로 유독가스가 발생하여 식물에 큰 피해를 주는 수가 있다. 고온을 필요로 하는 열대성 식물 이외에는 평균 10~13℃만 되면 충분히 겨울을 난다.

관수시설

온실 속은 4계절 내내 건조하기 쉬우므로 관수시설은 식물 관리에 매우 중요하다. 특히 겨울철 열대성 화초 중에는 냉수를 싫어하는 것도 있는데, 이때는 물을 받아 두었다가 실내온도와 비슷해진 온수를 주면 좋다. 규모에 따라서는 분출 · 살수 · 분무방식이나 자동관수장치를 설비한다.

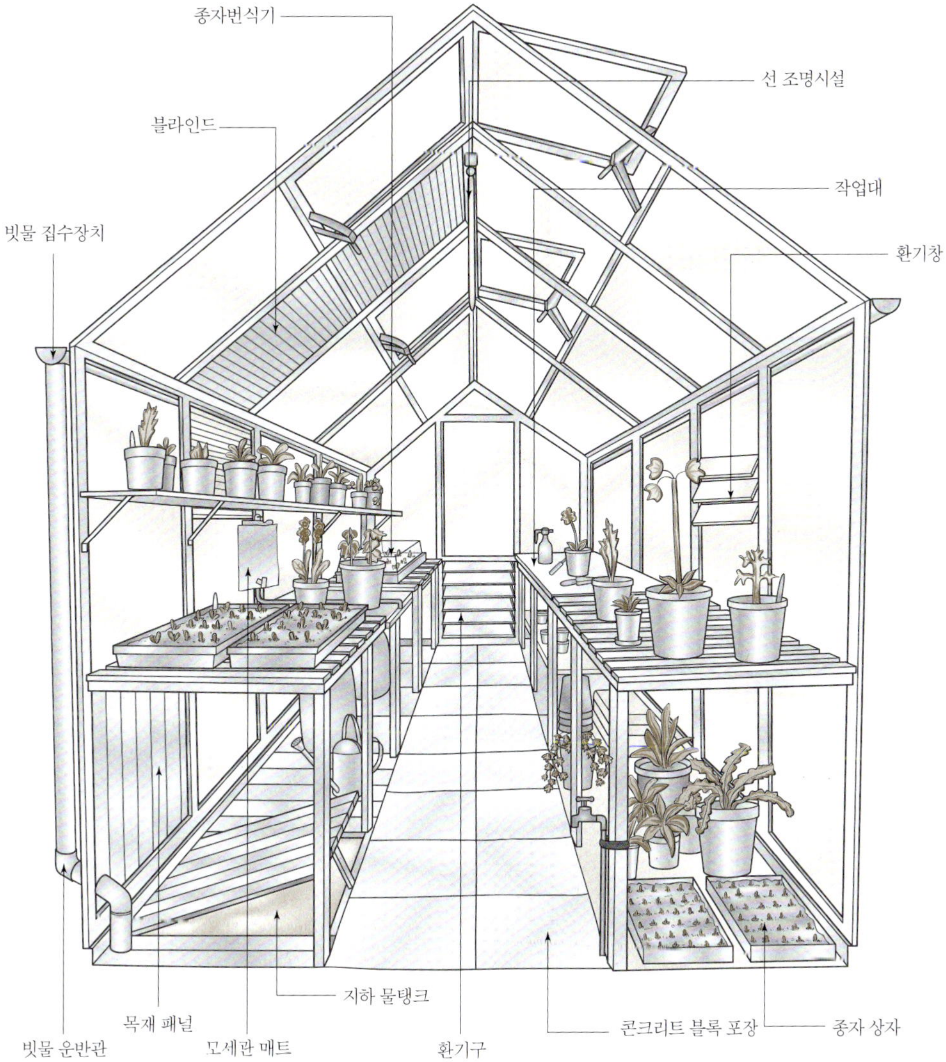

온실

햇빛가리개

햇빛가리개는 기존에 사용하던 목재 틀, 대나무, 블라인드, 갈대발 등을 사용하여 만들면 좋다. 아울러 태양빛은 시간의 경과에 따라 이동하므로 햇빛가리개는 이동식으로 만드는 것이 좋다.

도구 수평계, 망치, 톱

재료 목재 틀, 대나무발, 블라인드, 갈대발, 목재, 못

● 목재 틀과 덮개 틀 제작

굵지 않은 각재 판재, 대나무발, 갈대발을 사용하여 햇빛가리개의 틀과 다리를 만들어 연결한다.

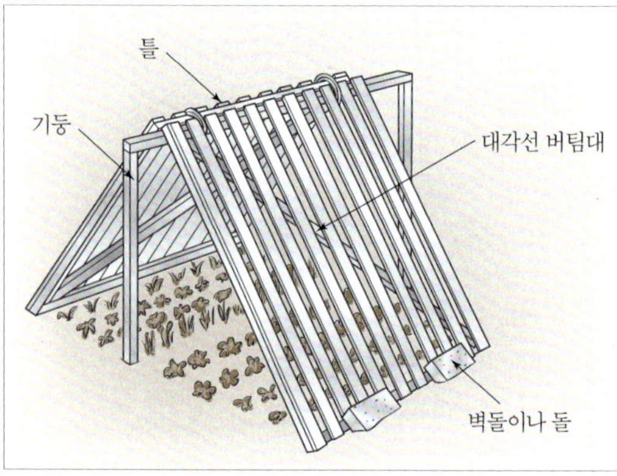

셀터형

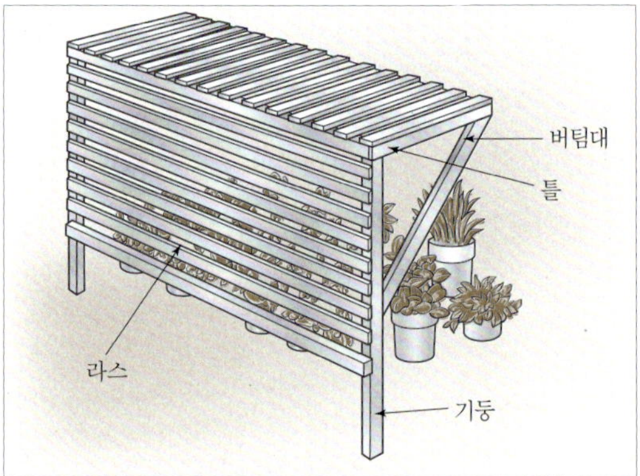

ㄱ자형

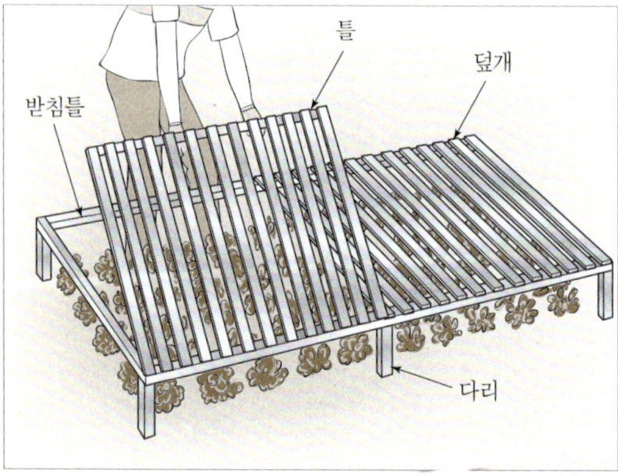

덮개형

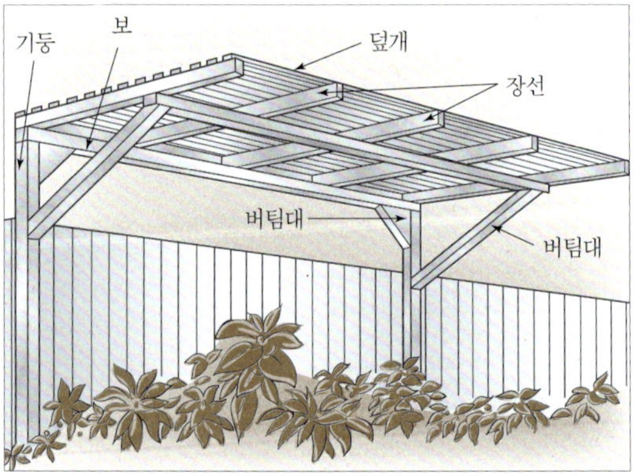

울타리 부착형

햇빛가리개의 종류

CHAPTER 4

부록

정원시설물 관리

참고문헌

정원시설물 사진자료

찾아보기

정원시설물 관리

정원에 만든 시설물은 설치 후 시간이 흐르면 점차 기능이 저하되므로 시설물의 수명을 연장하고 관리비용을 절감하며, 아름다운 정원을 가꾸기 위해서는 적절한 관리가 필요하다.

연중 계절 변화에 따라 작업 여건이 달라지므로 작업 하기에 가장 좋은 봄과 가을에 하면 좋으나, 시간·예산 등을 고려하여 시설물 관리를 위한 연간 작업계획표와 예산서를 만들고 이에 따라 작업을 하는 것이 가장 합리적이다.

정원시설물 재료별 점검 항목

구분	점검 항목
목재시설	접합 부분, 갈라진 부분, 부패된 부분, 파손된 부분, 도장이 벗겨지거나 퇴색된 부분
철재시설	용접 등의 접합 부분, 충격을 받아 비틀리거나 파손된 부분, 부식된 부분, 도장이 벗겨지거나 퇴색된 부분
콘크리트시설	파손된 부분, 갈라진 부분, 침하된 부분, 금이 간 부분, 도장이 벗겨지거나 퇴색된 부분
합성수지시설	갈라진 부분, 파손된 부분, 변형된 부분, 도장이 벗겨지거나 퇴색된 부분
수경시설	누수 부분, 녹슨 부분, 파손된 부분

재료

목재 방부제, 녹막이페인트, 유성페인트, 수성페인트, 시멘트, 접착제, 그리스, 윤활유, 퍼티

도구

사포, 용접기, 공구세트, 망치, 흙손, 와이어 브러시, 망치, 톱, 솔 등

정원시설물 관리방법

● 목재 시설물

① 부서지고 노후된 목재는 교체해준다.

② 균류와 충류 때문에 심하게 부패된 부위는 부재를 교체하고 약간 손상된 부위는 방균제 또는 방충제로 처리하고 보수한다.

③ 목재가 갈라진 경우는 틈 사이를 퍼티로 채우고 사포로 문질러준 후 페인트로 칠한다.

④ 땅에 닿아 있는 목재 부분은 모르타르를 바르거나 방부처리를 한다.

⑤ 볼트, 너트, 앵커볼트, 못 등 연결 부분의 고정 부품이 느슨해진 곳이나 이탈된 곳은 다시 조여준다.

⑥ 도장 부분이 벗겨지거나 퇴색된 부분은 사포로 깨끗하게 정리하고 다시 도장한다.

● 철재 시설물

① 뒤틀리거나 휜 곳은 망치를 이용하여 원형대로 복구한다.

② 녹이 슨 부분은 와이어 브러시나 사포로 깨끗하게 문질러 녹을 완전히 제거하고, 2회에 걸쳐 녹막이페인

트(광명단 도료 등)로 칠하며, 녹막이페인트가 완전히 굳은 다음에 유성페인트를 고르게 칠해 수분 침투를 막는다.

③ 회전 부위에는 마찰음이 나지 않도록 정기적으로 그리스를 주입해주고, 베어링이 마멸되었을 때는 교체한다.

④ 철재와 기초콘크리트의 접합 부분이 흔들릴 때에는 기초를 부수고 거푸집을 설치하여 다시 시공한다.

⑤ 접합 부분이 떨어진 곳은 용접을 한 다음 마무리하고 유성페인트를 칠한다.

● 콘크리트 시설물

① 콘크리트의 균열이 생긴 곳은 충진재를 주입해 봉합한다.

② 콘크리트가 부식하고 페인트가 퇴색한 곳은 솔로 문질러 페인트를 벗겨내고, 수성페인트를 칠해준다.

③ 파손된 부분은 처음의 콘크리트 배합 비율과 같게 하여 보수하고, 3주 이상 기간을 두어 표면을 충분히 건조시킨 다음 수성페인트를 칠한다.

● 합성수지 시설물

① 떨어지거나 갈라진 부분을 접착제로 붙여주고, 사포로 문질러 표면을 매끄럽게 한다.

② 색이 탈색된 부위에는 합성수지페인트를 칠한다.

③ 금이 생기고 보수가 어려울 정도로 파손된 것은 교체한다.

● 수경 시설

① 연못에 떠 있거나 가라앉은 낙엽 등의 이물질을 수시로 건져낸다.

② 연못의 물이 더러워지기 전에 일정한 간격을 두고 물을 바꿔준다. 가능하다면 자연적으로 물이 공급 및 배수될 수 있도록 시설을 설치하면 쉽고 편하게 관리할 수 있다.

③ 물이 더러워지는 것을 방지하기 위하여 여과기를 설치할 수 있으며, 여과기의 필터는 자주 점검하여 이물질이 많이 부착되었을 때는 교환해준다.

④ 급수구와 배수구의 막힘 여부를 수시로 점검하고, 수중식물 및 어류의 상태를 수시로 점검한다.

⑤ 물이 새는 곳이 있는지를 수시로 점검해 조치한다.

⑥ 펌프에서 소음이 심하거나 열이 날 때에는 손상 여부를 파악하여 조치하고 윤활유를 보충해준다.

⑦ 겨울이 되기 전에 어류의 월동준비를 고려하여 물을 빼고, 연못에 가라앉았던 이물질을 제거한 다음에 청소를 한다.

⑧ 겨울철에는 동파되는 것을 방지하기 위해 물을 완전히 뺀다.

참고문헌

건설교통부, 『조경공사표준시방서』, 대우출판사, 1996.

교육인적자원부, 『조경기술 Ⅰ』, 교학사, 2004.

______________, 『조경기술 II』, 교학사, 2006.

김정현 외 5인, 『최신 건축시공학』, 기문당, 2001.

대한주택공사 주택연구소, 『조경시설물 상세설계 매뉴얼』, 1999.

안홍규 옮김, 『생태공학』, 청문각, 2003.

이상석, 『정원만들기』, 일조각, 2006.

최기수 · 이상석, 『조경구조학』, 일조각, 2003.

한국조경사회, 『조경설계 상세자료집』, 서울맥, 1997.

한국조경학회, 『건설교통부 승인 조경공사 표준시방서』, 2003.

______________, 『조경관리학』, 문운당, 1990.

______________, 『조경설계기준』, 조경, 1999.

______________, 『조경시공학』, 문운당, 2003.

Better Homes and Gardens Books, ed., *Low-Cost Gardening*, Des Moines: Better Homes and Gardens Books, 1994.

Geraldine Rudge, *Garden Crafts*, New York: The Lyons Press, 2000.

Grant W. Reid, *From Concept to Form in Landscape Design*, New York: John Wiley & Sons, Inc., 1993.

Judith Adam, *Landscape Planning*, Toronto: Firefly Books, 2002.

Kathleen Norris Brenzel, *Sunset Western Landscaping Book*, Menlo Park: Sunset Books., 1997.

Ken Smith, *Home Landscaping*, Tucson: H. P. Books, 1978.

Lin Cotton, *All About Landscaping*, San Ramon: Ortho Books, 1988.

Sunset Books and Sunset Magazine, ed., *Ideas for Landscaping*, Menlo Park: Lane Books, 1972.

Sunset Books and Sunset Magazine, ed., *Basic Gardening Illustrated*, Menlo Park: Lane Books, 1974.

Sunset Books and Sunset Magazine, ed., *Gardener's Answer Book*, Menlo Park: Lane Publishing Co., 1983.

Sunset Books and Sunset Magazine, ed., *Garden & Patio Building Book*, Menlo Park: Lane Publishing Co., 1983.

Time-Life Books, ed., *Landscaping*, Alexandria: Time-Life Books, 1995.

The Reader' s Digest, *Practical Guide to Home Landscaping*, Reader' s Digest Association, 1984.

정원시설물 (사진자료)

포장 정원에 블록, 판석, 콘크리트 등을 이용하여 포장을 하면 옥외활동을 안전하고 편리하게 하는 데 큰 도움을 주며, 시각적으로도 훌륭한 요소가 될 수 있다.

담 · 벽 우리가 생활하는 환경을 둘러보면 많은 담과 벽으로 둘러쳐져 있는 것을 볼 수 있다. 담과 벽은 공간을 구획하는 수직적인 면적 요소로서 시각적으로 두드러지므로, 이를 잘 활용해 아름다운 정원을 만들 수 있도록 늘 관심을 기울여야 한다.

옹벽 경사진 지형에 주택을 설치할 때는 옹벽을 반드시 설치해야 한다. 옹벽은 구조적으로 토압에 견뎌낼 수 있어야 하며, 수직적 요소로서 미적 아름다움을 나타낼 수 있어야 한다.

울타리 정원을 의미하는 영어의 'garden'이 울타리를 의미하는 히브리어 'gan'과 즐거움과 기쁨을 의미하는 'oden' 또는 'eden'이 합쳐져 만들어진 것에서도 알 수 있듯이 울타리는 정원을 구획하는 기본 요소이다.

계단 우리나라의 지형은 기복이 심한 곳이 많아 오르내리기 위한 수단이 필요하기 때문에 계단은 정원의 필수 구성요소이다. 또한 계단은 이런 기능적인 면 외에도 심미적이며 상징적인 매체로서 정원의 훌륭한 경관요소이기도 하다.

데크 · 다리 데크는 정원에서 이용자들이 쾌적하게 휴식 및 식사를 할 수 있도록 만드는 시설이다. 다리는 수로를 건너가면서 공간 사이의 전이감을 느낄 수 있도록 하며, 주로 목재를 이용하여 만든다.

정자 · 셸터 · 퍼걸러 우리나라는 예로부터 마을마다 경치 좋은 곳에 정자를 세워 경관을 감상하거나 휴식을 취하는 장소로 이용하였다. 이러한 시설물들은 정원의 시각적 초점이 되는 중심요소이기 때문에 조형성이 매우 중요하다.

식물지지울(트렐리스) 정원에서 포도나무, 등나무, 담쟁이덩굴, 아이비 등 덩굴식물은 단조로운 벽면을 아름답게 할 뿐만 아니라 차폐나 그늘을 만들어준다. 트렐리스는 이러한 덩굴식물이 활착하여 성장할 수 있도록 도움을 주는 시설이다.

의자 이용자의 휴식을 위한 정원의 구성요소로서 가장 기본적이고 보편적인 시설이며, 시각적으로도 중요한 역할을 한다. 비교적 다양한 재료를 가지고, 다양한 조형적 형태로 만들 수 있다.

배수시설 비가 올 때 물을 배출하기 위한 배수시설은 정원뿐만 아니라 주택의 안전을 위해서도 매우 중요한 시설이다. 선적 형태로 시각적으로 두드러지므로 경관이 불량하지 않도록 주의해야 한다.

수로 · 벽천 외부 공간에서 수로와 벽천은 수준 높은 미적 효과를 연출하며, 물의 움직임을 통하여 생동감을 느끼게 하고 환경적으로도 긍정적 영향을 주는 시설이다. 연못에 비해 상대적으로 역동적이므로 밝고 쾌적한 분위기를 조성하는 데 효과적이다.

(연)못 연못은 정원의 경치를 아름답게 하는 중요한 요소로서 안정감과 풍요로움을 느끼게 하며, 고요하고 잔잔한 수면이나 생명력 있는 물의 움직임을 통하여 다양한 감정을 느끼게 해준다.

분수 · 살수시설 분수는 정원에서 시각적으로 매우 두드러지는 요소이며, 야간조명을 함께 한다면 그 효과를 더욱 높일 수 있지만 분수를 만들기 위해서는 전문가의 도움이 필요하다. 살수시설은 수목에 물을 공급하기 위한 것으로 개인정원에서는 간략하게 설치할 수 있다.

화단 · 경계시설 화단에 심은 식물에서 꽃이 피면 정원에서 가장 극적인 경관이 연출된다. 그러므로 계절 변화를 고려하여 꽃과 화단의 형태가 조화를 잘 이루게 해야 한다.

화분 · 플랜터 꽃과 나무를 심기 위해 흙을 별도로 담기 위한 화분과 플랜터를 인공 포장 지역이나 식재가 어려운 곳에 도입하면 아름다운 경관을 연출할 수 있다. 아울러 화분과 플랜터의 조형적 형태도 정원의 중요한 시각적 요소가 될 수 있다.

정원조형물 정원을 예술적인 공간으로 만들기 위해 도입되는 조형물은 정원의 중요한 시각요소이다. 자연환경 및 정원시설물과 조화를 이룬다면 아름다운 정원을 만드는 데 매우 중요한 역할을 할 수 있다. 만약 이용자가 좋아하는 조각가의 작품을 정원조형물로 배치하면 그 정원은 훌륭한 조각정원이 될 수 있다.

포장

서울 서대문독립공원(재활용 적벽돌)

서울 남산 남아메리카공원(점토 블록)

서울 공원
(점토 블록)

샌프란시스코 리바이스플라자(석재)

광주 도자기엑스포조각공원(황토 블록)

서울 공원
(적벽돌)

서울 가로변
(적벽돌)

캘리포니아 레딩 키즈킹덤(컬러 콘크리트)

나가사키 데지마 오란도쇼칸 유적(적벽돌)

샌프란시스코 예르바부에나파크(콘크리트 블록+잔디)

오대산 월정사(전통문양 블록)

캘리포니아 레딩 키즈킹덤(현장콘크리트)

도쿄 임해부 도심(그래픽 타일)

독일 본 쇼핑몰
(그래픽 타일)

히로시마 구레 가로변 공원(석재 판석)

서울 공원(투수콘크리트 블록)

오키나와 자탄공원(콘크리트)

서울 가로변(콘크리트 문양)

요코하마 야마시타공원(모자이크 타일)

캘리포니아 어드벤처 광장(콘크리트 블록)

샌프란시스코 파이낸셜 다운타운(석재 각석)

시즈오카 쇼핑몰(석재 각석)

도쿄 가로변(석재 각석)

서울 포스코 사옥(석재 판석)

경기도 광릉수목원(화강석 각석)

나고야 난정원(마름돌 판석)

하노버 베르크가든(석재 각석)

도쿄 메이지 진구(석재 판석)

도쿄 메이지 진구(석재문양 판석)

서울 종묘공원(화강석 각석)

서울 선유도공원(석재 각석)

도쿄 임해부 도심(석재 판석)

베를린 브리처파크(석재 각석)

개인정원(깨진 판석 모자이크)

나고야 공원(투수 블록)

제주국제컨벤션센터(화산암 판석)

나고야 난정원(자연석 판석)

아테네 아크로폴리스(대리석 판석)

히로시마 산케엔(자연석 판석)

용인 희원(석재 판석)

서울 평화공원(자연석 판석)

워싱턴주 올림픽내셔널파크
(현장콘크리트)

포틀랜드 베트남전쟁 메모리얼(콘크리트 블록)

히로시마 슈케이엔(호박돌)

전주 아파트단지(조약돌)

도쿄 메이지 진구(콩자갈)

베이징 자금성(조약돌)

주택 정원(색자갈)

서울 올림픽공원(호박돌+조약돌)

서울 남산야생화공원(호박돌+조약돌)

오사카 오하마공원(조약돌)

서울 공원(콩자갈 블록)

도쿄 임해부 도심(콩자갈 블록)

공원(우드칩)

나고야 시라카와공원(우드칩)

주택 정원(원목 심기)

주택 정원(방부목 각재)

헬싱키 센트럴파크(우드칩)

서울 양화진공원(방부목 판재)

공원(방부목 판재)

베를린 쇠네베르거 쥐트겔렌데(철재)

어린이놀이터(고무매트)

용인 희원(전통문)

용인 희원(벽돌+십장생도)

용인 희원(벽돌+꽃담)

경복궁 자경전(벽돌+문양)

교토 긴가쿠지
(흙담)

경복궁 자경전(벽돌+문양)

아파트단지(벽돌+그림)

용인 희원(흙벽돌+기와)

용인 희원(흙+자연석)

오키나와 카이힌공원(석재각석)

제주 분재예술원(화산암)

제주국제컨벤션센터
(화산석)

서울 세종로공원(벽돌)

오키나와 류큐무라(기와켜 쌓기)

밀턴케인스(판석켜 쌓기)

순천 낙안읍성(산석 쌓기)

서울 파리공원(판석켜 쌓기)

서울 인사동
(콘크리트+사괴석)

캘리포니아 어드벤처 쇼핑몰(콘크리트+도장)

샌프란시스코 예르바부에나파크(콘크리트)

전주 아파트단지(콘크리트+타일)

나가사키 수변 공원(콘크리트+덩굴식물)

라스베이거스 인근 클라크카운티 청사(콘크리트+붉은 사암판석)

효고현 히메지성(전석+석회)

아이치 엑스포(목재 판재+화분)

서울 잠실대교(목재 방음벽+식물)

캘리포니아 산호세대학(콘크리트 블록)

캘리포니아 버클리 주택(목재+식물)

캘리포니아 데스밸리국립공원 비지터센터(목재 판재)

하노버 크론스베르크
(목재 판재)

서울 신세계백화점 옥상정원(목재 판재)

제주 산굼부리(화산석)

서울 올림픽공원(산석)

영주 부석사(콘크리트+자연석)

경남 하동
(개비온)

후쿠오카 다이코공원(콘크리트+자연석)

샌프란시스코 골든게이트파크(각석)

서울 절두산 순교성지(산석)

제주국제컨벤션센터(화산석)

서울 리움박물관(개비온)

아이치 엑스포(호박돌)

서울 공원(자연석 쌓기)

용인 희원(장대석+괴석)

나가사키 헤이와공원(마름돌)

오이타현 벳푸공원(자연석+관목)

하노버 헤렌하우젠궁원(석재+콘크리트)

서울 주택 담장(벽돌)

정원(조립식콘크리트 블록)

서울 청계천(화강석+덩굴식물)

헬싱키 보사리(석재 판석+덩굴식물)

오키나와 카이군고공원(콘크리트 블록)

베를린 수변 공원(콘크리트+식물)

아이치 엑스포(철 · 합성수지 구조체+벽면녹화식물)

아이치 엑스포
(철 · 합성수지 구조체+벽면녹화식물)

아이치 엑스포
(철 · 합성수지 구조체+벽면녹화식물)

아이치 엑스포
(철 · 합성수지 구조체+벽면녹화식물)

아이치 엑스포
(철 · 합성수지 구조체+벽면녹화식물)

아이치 엑스포
(철 · 합성수지 구조체+벽면녹화식물)

아이치 엑스포
(철 · 합성수지 구조체+벽면녹화식물)

오키나와(콘크리트+유리)

서울 가로변 공원(콘크리트+타일)

런던 가로변(슈퍼그래픽)

캘리포니아 버클리 가로변(석재 부조)

서울 코엑스 지하(타일)

서울 청계천(그림 타일)

요코하마 야마시타공원(조각 타일)

도쿄 빅사이트(콘크리트+스테인리스 식물부착시설)

오키나와 류큐무라(점토 부조)

주택 외벽(문양 타일)

서울 코엑스(모자이크 타일)

오사카 쓰루미료쿠 지역(모자이크 타일)

샌프란시스코 예르바부에나파크(화강석 판석+음각도장)

나가사키 구라바공원(콘크리트)

서울 정동극장(모자이크 타일)

도쿄 선큰가든(점토 타일)

광주 도자기엑스포(황토 블록)

요코하마 야마시타공원(콘크리트)

서울 청계천(그림 타일)

오사카 쓰루미료쿠 지역(타일)

워싱턴D.C 프랭클린 루스벨트 대통령 메모리얼
(청동 부조+화강석)

울타리

경기도 광릉국립수목원(목재)

교토 료안지(대나무)

개인 정원(목재 난간)

개인 정원(합성수지)

후쿠오카 마이쓰루공원(목재)

서울 양화진공원(목재)

오키나와 해변 공원(합성수지)

서울 홍릉임업연구원(목재)

캘리포니아 디즈니랜드(철재)

전남 광양시청(철재)

서울 올림픽공원(주철)

마닐라 리잘공원(철재)

공원(철망울타리)

서울 양화진 외국인 선교사 묘지공원(주철)

서울 삼청공원(주철)

도쿄(철재+차폐수목)

후쿠오카 가로변(철재)

계단

미야자키 헤이와다이공원(목재)

부산 부산박물관(자연석 판석)

순천 낙안읍성(산석)

아파트단지(침목)

구마모토 스이젠지(석재+콩자갈)

서울 하늘공원(목재)

서울 올림픽공원(침목)

히로시마 산케엔(석재)

이스탄불 갈라타타워(석재 판석+타일)

서울 샛마을공원(점토 블록)

아파트단지(콘크리트)

주택 정원(벽돌)

서울 경동교회(벽돌)

서울 선유도공원(콘크리트)

주택 정원(석재 판석)

오키나와 해양엑스포공원(석재)

히로시마 산케엔(자연석)

베를린 쇠네베르거 쥐트겔렌데(철재)

도쿄 롯폰기 힐즈(자연석)

서울 양화진 외국인 선교사 묘지공원(석재 각석)

샌프란시스코 리바이스플라자(콘크리트)

도쿄 롯폰기 힐즈(석재)

서울 전쟁기념관(석재)

밀턴케인스(콘크리트)

로스앤젤레스 공공도서관(콘크리트)

도쿄 롯폰기 힐즈(목재)

오사카 난바공원(석재판석)

서울 선유도공원(콘크리트)

로스앤젤레스 공공도서관(콘크리트)

텍사스 조지 부시 메모리얼 라이브러리(콘크리트 블록)

나가사키 수변 공원(석재 판석)

독일 본 가로변(콘크리트)

도쿄 디즈니랜드(타일)

오키나와 지탄공원(목재)

서울 선유도공원(콘크리트 블록)

샌프란시스코 리바이스플라자
(콘크리트)

서울 평화공원(목재)

별장 정원(목재)

샌프란시스코 골든게이트파크(목재)

서울 길동자연생태공원(목재)

서울 길동자연생태공원(목재)

서울 남산야생화공원(목재)

히로시마 슈케이엔(목재)

히로시마 슈케이엔(석재)

히로시마 산케엔(석재)

히로시마 슈케이엔(목재)

전주 아파트단지(침목)

오키나와(콘크리트)

포천 광릉국립수목원(목재)

오키나와 해변 공원(목재)

주택 정원(목재)

아파트단지(목재)

오키나와 해양엑스포(합성수지)

순천 J골프장(목재)

서울 선유도공원(목재)

정자 — 셸터 — 퍼걸러

용인 희원(목재+석재+기와)

순천 낙안읍성(목재+볏짚)

서울 아파트 단지(목재+석재+기와)

산호세 가로변(스테인리스+합성수지)

서울 한강시민공원 잠실지구(목재)

서울 현대백화점(목재)

워싱턴주 올림픽내셔널파크(목재)

워싱턴주 올림픽내셔널파크(목재)

서울 선유도공원(목재)

라스베이거스 공원(콘크리트)

포틀랜드 로즈가든

아이치 엑스포(합성수지막)

서울 올림픽공원(합성수지)

캘리포니아 샤스타댐(목재+석재)

서울 아파트단지(목재+아스팔트싱글)

서울 남산 남아메리카공원(목재)

나고야 난정원(목재)

캘리포니아 오클랜드파크(복합)

하노버 헤렌하우젠궁원(콘크리트+금속)

샌프란시스코 골든게이트파크(목재)

서울 신세계백화점 옥상정원(목재)

공원 주차장(콘크리트+목재)

제주 분재예술원(화산석+목재)

서울 아파트단지(목재)

캘리포니아 스탠퍼드대학교(콘크리트)

후쿠오카 마이쓰루공원(벽돌+목재)

나고야 난정원(철재)

베를린 쇠네베르거 쥐트겔렌데(철재)

유타 자이언내셔널파크(목재)

바이에른 뉘른베르크성(덩굴식물)

주택 정원(목재+콘크리트)

서울 선유도공원(목재)

요코하마 야마시타공원(스테인리스)

주택 정원(목재)

오사카 꽃박람회기념공원(철재)

나고야 난정원(대나무)

도시 가로변(철재)

캘리포니아 오클랜드 워터프론트(목재)

서울 신세계백화점 옥상정원(목재)

하노버 크론스베르크 주거단지(목재)

오키나와 가로변(합성수지)

샌디에이고 발보아파크(타일)

하노버 베르크가든(합성수지)

교토 가로변(모자이크 타일)

바이에른 뉘른베르크 GaLaBau(금속+목재)

시즈오카 상징몰(석재+스테인리스)

오키나와 열대식물원(타일+콘크리트)

캘리포니아 어드벤처 쇼핑몰(콘크리트+철재)

나고야 난정원(목재+철재)

산타바바라 가로변(목재+철재)

도쿄 디즈니랜드(주철+목재)

도시 공원(철재+목재)

도시 공원(철재+합성수지)

산호세 가로변(목재+스테인리스)

오사카 난바공원(철재+목재)

도시 공원(주철+목재)

서울 대학로(목재+철재)

나고야 난정원(철재)

보스턴 청동주물

도쿄 선큰가든(스테인리스)

나고야 오아시스21(스테인리스)

가고시마 주오공원(스테인리스)

도시 공원(철재)

도쿄 디즈니랜드(철재)

도쿄 도심 가로변(스테인리스)

미야자키 가로변(스테인리스)

서울 올림픽공원(철재)

나고야 난정원(목재)

나고야 난정원(목재)

도쿄 공원(목재)

나고야 난정원(목재)

나고야 난정원(목재)

텍사스 A&M대학교 캠퍼스(목재)

캘리포니아 레딩 가로변(목재)

공원(목재)

샌프란시스코 도심 가로변(목재)

서울 서울숲(목재)

유타 자이언내셔널파크(석재)

도시 공원(목재)

도쿄 롯폰기 힐즈(목재+철재)

도시 공원(통나무)

국립제주박물관(목재+석재)

서울 올림픽공원(합성수지)

아파트단지(목재+석재)

산호세 과달루페 리버파크(석재 판석)

베를린 도심 가로변(콘크리트)

오키나와 해변 공원(목재+석재)

미야자키 가로변(콘크리트+목재)

샌프란시스코 가로변(콩자갈+콘크리트)

서울 코엑스(석재+목재)

오사카 가로변(콘크리트+목재)

샌프란시스코 가로변(콘크리트)

워싱턴D.C 퍼싱파크(합성수지)

하노버 크론스베르크 주거단지(석재)

도쿄 롯폰기 힐즈(석재)

서울 코엑스(석재)

서울 송파 백제고분(석재)

산호세 도시 공원(콘크리트)

서울 신세계백화점 옥상정원(목재)

나가사키 헤이와공원(콘크리트)

샌프란시스코 골든게이트파크(석재)

샌프란시스코 도시 공원(석재)

캘리포니아 디즈니랜드(석재+콘크리트)

도쿄 가로변(석재+스테인리스)

캘리포니아 레딩 가로변(콘크리트)

로스앤젤레스 가로변(석재+타일)

시애틀 가로변(석재)

전주 월드컵공원(석재)

가고시마 이시바시기념공원(석재)

캘리포니아 세크라멘토 가로변(석재)

교토 가로변(화강석)

서울 선큰 광장(석재)

아이치 엑스포(깬돌+콘크리트)

아이치 엑스포
(깬돌+콘크리트)

아이치 엑스포(깬돌+맹암거)

교토 진가쿠지
(자연석)

교토 진가쿠지(원목)

히로시마 슈케이엔(자연석)

베를린 브리처파크(모르타르)

서울 올림픽공원(견치석)

서울 삼청공원(견치석)

교토 긴가쿠지(자갈)

주택 정원
(콩자갈+모르타르)

아파트단지(콩자갈+모르타르)

뉘른베르크 가로변(각석)

서울 하늘공원(견치석)

하노버 크론스베르크 주거단지(콘크리트)

아이치 엑스포(콘크리트블록)

규슈 구마모토성(기와)

서울 한국은행(화강석 각석)

아테네 파르테논(대리석)

서울 올림픽공원(콘크리트)

인천국제공항(콘크리트플룸관)

서울 서울숲(콘크리트플룸관)

수로—벽천

나가사키 구라바공원(콘크리트)

서울 선유도공원(콘크리트+석재 각석)

샌프란시스코 리바이스플라자(석재)

나고야 시라카와공원

일본 구레 가로변 공원(석재)

오키나와 지탄공원(석재)

텍사스 휴스턴파크(콘크리트)

샌프란시스코 예르바부에나파크(석재)

가고시마 주오공원(석재)

개인 정원

서울 대학로(석재)

서울 여의도 가로변(석재+타일)

아이치 엑스포(자연석)

해남 두륜산도립공원(F.R.P 인조암)

제주 중문 대포해안(화산석)

서울 평화공원(자연석)

샌프란시스코 골든게이트파크(자연석)

교토 긴가쿠지(자연석)

나가사키 헤이와공원(자연석)

오키나와 키즈디스커버리킹덤(합성수지)

캘리포니아 디즈니랜드(자연석)

오사카 쓰루미료쿠 지역(석재+콘크리트)

경기도 양수리공원(석재)

아이치 엑스포(자연석)

서울 송파구 가로변(자연석)

그라나다 헤네랄리페(석재)

도쿄 임해부 도심(석재)

나고야 시라카와공원(석재)

오사카 꽃박람회기념공원(석재)

라스베이거스 호텔(석재+합성수지)

제주국제컨벤션센터(석재)

교토 난젠지(석재)

밀턴케인스 그랜드캐널

밀턴케인스

후쿠오카 다이코공원(석재)

교토 쇼세엔

전주문회원(석재)

샌프란시스코 리바이스플라자(깬돌)

(연)못

히로시마 산케엔

미야자키 주오공원

후쿠오카 규슈후지타공원

히로시마 슈케이엔

아이치 엑스포

워싱턴 D.C 한국전쟁기념공원

교토 긴가쿠지

캘리포니아 도넬가든

삿포로 유리공예관

경기도 광릉수목원

구마모토 스이젠지

샌프란시스코 일본정원

도쿄 롯폰기 힐즈

오키나와 해양엑스포공원

미야지마 개인 정원

제주도 여미지식물원

순천 J골프장

라스베이거스 룩소르호텔

로스앤젤레스 공공도서관

오키나와 자탄공원

캘리포니아 허스트캐슬

도쿄 퍼시픽호텔

로스앤젤레스 공공도서관

제주도 여미지식물원

교토 쇼세엔

홋카이도대학

서귀포 여미지식물원

연못의 물고기

경기도 양수리공원

식물원

베를린 브리처공원

용인 희원

서울 신세계백화점 옥상정원

캘리포니아 스탠퍼드대학교

하노버 크론스베르크

밀턴케인즈

서울 남산야생화공원

도쿄 일본황궁정원

나라현 나라국립박물관정원

샌프란시스코 일본정원

분수 — 살수시설

라스베이거스 시저스팰리스호텔(석재)

도쿄 빅사이트(석재)

워싱턴D.C 내셔널뮤지엄(석재)

캘리포니아 스탠퍼드대학교(석재)

샌프란시스코 벙커힐(석재)

서울 신세계백화점 옥상정원(목재)

도쿄 임해부 도심(석재)

서울 I호텔

샌디에이고 발보아파크(타일)

오키나와 해양엑스포

서울 그랜드하얏트서울(석재)

샌타바버라 해변 공원

샌디에이고 발보아파크(타일)

티볼리 에스테빌라 오르간 분수

나고야 난정원

하노버 헤렌하우젠공원

캘리포니아 나파밸리

서울 세종문화회관광장(미스트분수)

라스베이거스 가로변 공원

서울시청(화강석)

오키나와 해양엑스포

아이치 엑스포

부산시립미술관

히로시마 정원(꽃화단)

교토 국립교토국제회관

아이치 엑스포

용인 희원(장대석)

오키나와 해양엑스포(석재)

오사카 난바공원(석재)

파리 가로변 녹지대

주택 정원(목재)

후쿠오카 가로변(석재각석)

오키나와 열대식물원

가고시마 역사와 문화의 길(석재)

도쿄 우에노공원(화강석 각석)

후지산 가와구치코

분당 중앙공원(시멘트 벽돌)

김포국제공항(점토 블록)

하노버 크론스베르크 실내정원(석재)

미야자키 도심 광장(석재)

홋카이도 나카후라노 팜도미타

도시 공원(콘크리트 블록)

아이치 엑스포(대나무)

도시 공원(목재)

나고야 시라카와공원(타일)

주택 정원(벽돌)

삿포로 도심 녹지

주택 정원(목재)

주택 정원(그린에지)

런던 도심 가로변(콘크리트+타일)

샌프란시스코 골든게이트파크(석재)

샌프란시스코 도심 가로변(석재)

아이치 엑스포 옥상정원(목재)

도심 가로변

핀란드 보사리 공원(쇄석)

나가사키 헤이와공원(목재)

서울 신세계백화점 옥상정원(목재)

하노버 크론스베르크(석재)

용인 에버랜드(점토벽돌)

도심 가로변(화강석)

서울 대학로

히메지 도심 가로변(석재)

후쿠오카 도심 가로변(콘크리트)

도쿄 롯폰기 힐즈

나고야 난정원(판석)

서울시청 광장

삿포로 홋카이도대학

도쿄 롯폰기 힐즈(금속)

나고야 난정원(점토 화분)

나고야 난정원(걸이식 화분)

마닐라 도심(철재)

도쿄 도심(금속)

베를린 브리처파크(띠)

도쿄 임해부 도심(목재)

샌프란시스코 도심(목재)

나고야 난정원(나무 화분)

나고야 난정원(목재 판재)

오키나와 열대식물원(목재)

바이에른 뉘른베르크(목재)

가고시마 역사와 문화의 길(석재)

오사카 꽃박람회기념공원(콘크리트)

오키나와 열대식물원(점토화분)

나고야 난정원(점토항아리)

서울 파이낸스센터(석재)

오키나와 가로변(콘크리트)

샌프란시스코 가로변(석재)

나고야 난정원(점토화분)

히로시마 가로변(콘크리트)

제주국제컨벤션센터(석재)

산호세 가로 공원(석재+콘크리트)

도쿄 도심(석재)

도쿄 도심(석재)

용인 희원(석재 조각상)

나고야 난정원(석재 조형물)

주택 정원(석재 조형물)

창덕궁 연경당(괴석)

서울시립미술관(환경조각)

나고야 난정원

캘리포니아 디즈니랜드(토피어리)

교토 긴가쿠지
(석재 조형물)

교토 료안지(석재 조형물)

아이치 엑스포 상징조형물(토피어리)

아이치 엑스포(석재 조형물)

순천 선암사(나무수로)

나고야 난정원(점토 조형물)

용인 희원(괴석)

나고야 난정원(점토 조형물)

아이치 엑스포(유리태양광등)

서울 서머셋팰리스 레지던스 옥상정원(금속)

경기도 양수리공원(항아리)

나고야 난정원(기와+자갈)

전주 월드컵공원(항아리)

아이치 엑스포(점토 화분)

제주 분재예술원(화분)

경기도 양수리공원(수반)

아이치 엑스포(수반)

나고야 난정원

경복궁 교태전

캘리포니아 스탠퍼드대학교(야외 조각)

오키나와 가로변 공원(금속)

제주국제컨벤션센터(야외 조각)

하노버 헤렌하우젠궁원(타일 벽화)

용인 에버랜드(튤립 금속 조명등)

서울 올림픽공원(야외 조각)

서울 코엑스(환경조형물)

분당 대한주택공사(환경조형물)

가고시마 주오공원(환경조형물)

광주 도자기엑스포(도자기)

오사카 오사카공원(금속)

가고시마 주오공원(석재)

서울 강남교보타워(환경조각)

오사카 코스모타워(환경조형물)

서울 선유도공원(야외 조각)

전주 월드컵공원(야외 조각)

찾아보기

사

아

자

차

카

타

파

하

아름다운 정원
정원시설물 만들기

1판 1쇄 펴낸날 2007년 10월 26일
1판 3쇄 펴낸날 2017년 1월 20일

지은이 | 이상석
펴낸이 | 김시연

펴낸곳 | (주)일조각
등록 | 1953년 9월 3일 제300-1953-1호(구 : 제1-298호)
주소 | 03176 서울시 종로구 경희궁길 39
전화 | 734-3545 / 733-8811(편집부)
733-5430 / 733-5431(영업부)
팩스 | 735-9994(편집부) / 738-5857(영업부)
이메일 | ilchokak@hanmail.net
홈페이지 | www.ilchokak.co.kr

ISBN 978-89-337-0526-1 03520
값 28,000원

* 이 도서의 국립중앙도서관 출판시도서목록(CIP)은 e-CIP 홈페이지 (http://www.nl.go.kr/cip.php)에서 이용하실 수 있습니다.
(CIP제어번호 : CIP2007003210)